美妙的动物史

LA PLUS BELLE HISTOIRE DES ANIMAUX

从 野 生 到 驯 化

DU SAUVAGE AU DOMESTIQUE

[法]帕斯卡尔·皮克（Pascal Picq）

[法]让－皮埃尔·迪加尔（Jean-Pierre Digard）

[法]鲍里斯·西瑞尼克（Boris Cyrulnik）

[法]卡琳－卢·马蒂尼翁（Karine-Lou Matignon） / 著

彭程程 / 译

西南大学出版社

国家一级出版社 全国百佳图书出版单位

目 录

序　言

Prologue

　　远在人类诞生之前，动物就已在深海中显现了身影，它们在自然法则和生存竞争下，幻化出丰富的形态；在踏上征服陆地之路前，原始昆虫只在空中活动。接着，动物沿着海岸、潟湖逐步挺入内陆，渐渐遍布世界各地多样的自然环境之中。随着时间的推移、生命的发展、地质的变化和气候的循环，动物顺应与改造着生存空间，在地球上繁衍生息。

　　讲述动物的历史，我们要逆转时空，从探寻物种的起源开始。这段旅程始于原始海洋中最早出现的微生物，到我们现在所知的有着庞大物种多样性的动物界。追溯动物的历史，也是认识人类历史的一个途径。如果要讲述关于动物的故事，势必要把离开动物就无法生存的人类纳入考虑。在人类的历史长河中，这场相遇事关重大。它促成了早期人类文明的诞生，并深深地烙印在全人类的精神世界中，不分文化，不分种族。

通过观察动物，人类对世界的奥秘有了更深刻的理解，对自身在整个世界中的定位有了更清晰的认识。但是，对于动物，我们究竟了解多少呢？它们是如何出现，又是在何种条件下进化的？人类是如何逐步驯化了动物？它们的精神世界是怎么样的？今天人类与动物之间的关系是如何发展而来的？人类文明在这种关系中得到了高速发展，我们是否能预测到这段关系的前景呢？我们又是否清楚现代社会强加在这种关系上的风险呢？

我们访谈的是三位科学家，也是优秀的科普人，他们将分别讲述这段自然科学与人文科学交融的历史；他们还将充分展示广袤多彩的动物世界，追溯动物进化历史中的重要阶段以及它们与人类相接触的过程，并且向我们揭示动物与人类共享的大自然遗产。

在**第一章**，我们将会看到最早的动物诞生，同时研究一个问题：动物得益于最原始状态下的运动而从植物中区分出来，这种移动性是如何成为动物进化过程中的一个成功原则，推动它们不断获取更适宜生存的空间，逃脱追捕以及朝着不同特性方向发展的。

我们将看到，进化是如何呈现出多种形式的，大自然又是如何支配进化的；鱼鳍到利爪的过渡是如何发生的；早期的爬行动物是如何孕育出后来的恐龙、鸟类以及哺乳动物的；动物社群和性在这些进程中起到了什么作用；卵生方式又是如何彻底变革了动物界，从而改变了我们人类未来的。

帕斯卡尔·皮克，古生物学家、人类学家，他仍对包括人类在内的动物物种在生物构造上的众多共同点感到匪夷所思。依据他的观点，人类并不是唯一会思考的动物，却是唯一否认自己动物性的动物。

这位进化专家的研究主要针对人类先祖的适应性。为了重构我们远古祖先的生活，他大胆涉足动物界。他首先接触的是理论物理学，并对这种不遵循固定法则的亚原子世界深深着迷。此后，与另一个"人"——南方古猿露西——的相遇彻底使他震惊。露西于 1974 年被伊夫·科庞等人发现[①]。帕斯卡尔·皮克如同自由电子被吸引一般投入了古生物学的怀抱，探索着动物世界的丰富瑰宝。

---

① 参见于贝尔·雷弗、若埃尔·德·罗奈、伊夫·科庞和多米尼克·西莫内所著的《美妙的世界史：起源的秘密》，瑟伊出版社，1996 年。

第二章讲述了人类如何出于对智慧的深切好奇以及征服大自然的强烈欲望驯化了动物，继而牵动了整个动物史。起先，动物会清理人类住处的垃圾，但也会抢夺收获的粮食。而人类会观察、跟随和追捕动物。从新石器时代起，人类开始在村庄周边圈养动物。人类首先驯服了狼，接着在不同程度上驯服了所有可以被驯养的动物。人类对野生动物的掌控，极大地推动了人口增长，社会结构出现分化，经济、政治甚至军事活动快速发展。

我们将看到动物的地位如何逐步改变，这种改变又是如何建立在多种生产活动以及人类对动物感情的转变之上。我们接纳作为家庭成员共同生活的宠物，却无视那些作为消费品的动物。为什么会有这种区别对待？疼爱其中一部分动物会给予我们勇气去杀害并食用另一部分吗？另一个关键的提问：如今对动物基因的人为操纵是否意味着工业养殖动物的未来趋势以及人类对动物驯化行为的延续？科学的进步，或者说现代化给人和动物关系带来的改变引起了一些担忧。

让 - 皮埃尔 · 迪加尔不仅是一位在动物驯化研究方面著名的人类学专家，同样也是一位因其直言不讳而颇具盛名的人种学家。早先时候，他想成为一名自然科学教师或者一名兽医，最终他选择了人种学方向，通过人类与动物的关系去研究人类。同样，出于对东方的痴迷，他决定造访伊朗的一个游牧民部落并打造他的人种学专业"利器"。由于两伊战争爆发，他不得不暂时远离游牧民部落，在西方社会开展人类与动物关系的调查研究。同时，在历史和比较论层面，他开展了一系列关于动物驯化的延伸思考：人类对动物驯化的过程不仅是统治的过程，更是人类了解动物的过程。

第三章涉及动物如何孕育了人类最初的想象力，让人类可以借助它们表达幻想、宗教情感、黑暗面以及孤独感。时而被奉若神明，时而被贬为恶魔，动物体现了人类最好和最坏的一面，尤其表现了人类对自我的认识。我们已经追问了几百年，何为人类与动物的界限，是什么造就了人和动物的不同，却从来没有看清动物真正的模样。长久以来，动物的历史不再按照自然进化的节奏前进，而是囿于人类的情感与文化桎梏中。

不久之前，我们终于有机会接近动物的精神世界。这是一项伟大的革命。人们发现每个生物都有智慧，从蚯蚓到大型哺乳动物，每个动物都是独一无二的。从那时起，人类惊叹于发现了思想并不仅仅是人类的特权，在一些无脊椎动物身上也有思想的影子。动物能够创作，感知美，拥有良知，具备忍耐、协调、感受恐惧与快乐的能力，能在一个社群里挑选替罪羊或者与其他物种交流。我们是否有一天能真正领悟动物的语言并跟它们交流？这个计划并非没有可能。

　　鲍里斯·西瑞尼克是法国研究动物行为学的先驱之一。他同时也是一名神经精神科医生、精神分析学家和心理学家。孩童时期，他散步时口袋里总是揣着一本动物心理学方面的书。他惊奇于蚁穴的组织构造，醉心于自然主义，反驳发表教条主义讲话的成年人。在 20 世纪 60 年代，随着对医学学习的深入，他发现了一门全新的学科——动物行为学或称动物生态学。鲍里斯·西瑞尼克马上就确信，研究动物的行为有助于破译人类世界的奥秘。通过观察这些动物，他明白了语言以及抽象思维对人类的强大凝聚作用。这是一场真正的科学冒险。这位如今活跃在国际舞台的反传统学者借助他的专业，提出了一些关于动物界的惊人问题。

　　现代科学学科和数年来实验室的研究成果及从勘探现场获得的新发现，为我们看待动物提供了一种全新的视野。我们错愕地意识到过去竟然什么都没看到，或者说什么也不想知道。就像我们突然觉醒，从对起源产生的羞耻感中解脱了。接着我们就会自问：是什么促使长久以来直观了解动物的传统人类开始拥有了生物整体性的概念以及人类与动物之间维系着脆弱的平衡的想法？

　　了解动物的历史，同样也是在寻求人类的根源以及对共存世界的理解。理论形成，不断演变、更新，孕育出全新的视野和合理的反对。基于对过去的观察，提出对未来的展望。如果动物不再是无感情的机器，人类也并不是我们自认为的天选之子，我们还能继续剥削动物吗？在接下来的数年甚至数世纪中，在不将人类和动物混淆的情况下，两者的关系会产生新的形式吗？人类介入了野生或家养动物物种的灭绝大事件，那我们的文明是否也会岌岌可危？这些是亟待讨论的问题。

　　了解动物，必然是对我们自身、我们的起源和未来的考问，是为了更加谦卑地重新认识我们在自然中的地位，也是为了牢牢记住我们是人类进化过程中的最新代表。光阴似箭，动物的历史将继续被书写。

卡琳－卢·马蒂尼翁

第一章
物种的新生

Première Partie

L'AUBE DES
ESPÈCES

第一节

走出海洋

地球自诞生以来历经了数十亿年的演化。紧随着早期植物的脚步，动物生命在海洋、潟湖和沼泽地中大爆发。上百种动物物种诞生，繁衍生长。动物对地球的征服拉开了序幕。

细胞的解放

卡琳－卢·马蒂尼翁（以下简称"卡"）：地球已经 45 亿岁高龄了。当初，它是液态的，还要等上 10 亿年才变成固体，开启生命的乐章。当时，在覆盖地球表面的水体中出现了有机分子，小的有机分子逐渐聚合成大的有机分子，从糖类、阳光和外界气体中获取能量。所以，这些生物通过释放氧气，使得离开水的生命也可以存活了吗？

帕斯卡尔·皮克（以下简称"帕"）：最早的原始微生物由单细胞组成，生活在完全无氧的环境里。它们是厌氧细菌、无细胞核的单细胞生物，也被称为"原核生物"。这些无法用肉眼辨别的生物是地球上出现的第一种生命形式，今天仍然活跃于地球的各个纬度和各种环境中——无论是在极地的荒漠，还是在牛的胃中或者于人体内。它们从发酵的糖中获取营养，并把糖转化为二氧化碳。其他生命形式的演变过程如下：细胞合成叶绿素，叶绿素从太阳光中获取能量（这就是光合作用原理）。其实，这些过程都释放出了大气和海洋中的废物——氧气。

卡：地球上最早的一次大污染？

帕：是的。但也正是由于这次大污染，地球表面形成了臭氧层。臭氧层可以保护地球，像滤网一样过滤太阳光中破坏细胞的有害紫外线。如此一来，曾经只能在水中存活的生命最终得以在陆地上繁衍发展。

卡：但在这之前，生命的故事还是在水中上演。

帕：的确如此。在长达 20 亿年的时间里，仅存在细菌和微型藻类这两种生命形态。之后才出现了其他的单细胞生物：由单个细胞组成，含有遗传物质的细胞核被一层不透水的细胞膜包围，细胞膜将生命物质和外部环境分开。这种单细胞生物属于"真核生物"。这类细胞的出现需要环境发生变化，为其提供更多可用的物质，特别是溶解在水中的氧气。这将导致细胞的能量代谢变得更加频繁，进而热量的供应和营养物质的吸收得以进一步改善，比如葡萄糖的燃烧可以为生命活动提供必不可少的能量。这其实就像细胞在内部搭起了一个专门服务于生命活动的工厂。

卡：动物是因为最原始状态下的活动而从植物中区分出来的吗？

帕：可以说，活动性是动物进化的一个重要原则。这是一种生存策略，能够帮助动物不断征服更有利的新空间，躲避捕食者，朝着与植物相反的机制进化。植物的生存依赖身处的周边环境，但不是说植物就没有发展有利的生存策略。动物在很早之前就懂得食用植物，获取植物的能量，而植物也迅速地利用动物进行繁殖。

卡：我们知道动物界和植物界是在什么时候真正区分开的吗？

帕：我们普遍认为这一区分发生在 10 亿年前到 6 亿年前，地质学家将这一时期命名为"前寒武纪"。在南非、格陵兰岛和澳大利亚的沉积岩中发现了有这一时期生物痕迹的化石。研究人员发现，最古老的岩层中只存在原始的藻类和细菌这两种生命形式。目前还不清楚真核生物是逐渐形成的，还是突然出现的。

双重身份

卡：这批最早出现的动物留下的痕迹多吗？

帕：事实上，在 6 亿年前的岩层中很少发现动物化石。其中，在大洋洲的埃迪卡拉山岩层中发现的动物化石是目前最古老的，距今约 6 亿年。这是已知最早的多细胞生物。

卡：为什么保存下来的化石这么少？

帕：因为从这个时期开始，地球经历了火山爆发、地震、冰川等一系列地质和气候的剧变，导致生物化石很难留存下来。

另外，地壳板块上的大陆慢慢移动到地球表面，分离或相互碰撞，只有大陆中间的部分地区没有经历这一过程。这就解释了为什么化石中古老的沉积物如此稀少。然而，这些剧变对生命的演变、物种的出现和扩张产生了巨大的影响。

卡：是否存在介于植物和动物之间的生物？根据生存环境，它们时而为动物，时而为植物。这有可能就是动植物界的差异的起源。

帕：有的。比如眼虫，一种存活至今的单细胞藻类。它像植物一样具有叶绿素，能够利用光能合成有机分子。同时得益于鞭毛（一种具有运动功能的丝状物），它能在缺少光线时像动物一样去寻找猎物。事实上，动植物的区分主要体现在刺胞动物门这类简单的生物身上，比如珊瑚、海葵和水母。珊瑚无法移动位置，海葵和水母则能到处移动。它们体内既没有器官，也没有呼吸系统或血液系统，一切行动都通过扩散作用来完成。

卡：什么是扩散作用？

帕：每个细胞都从外界直接获取所需的食物和氧气。水母以水中的微生物为食，通过水排出废物。进食和排泄都通过同一个孔。它们的身体由内外两胚层组成，中间有一个中胶层。这些组织结构帮助水母消化、繁殖、移动和协调运动。

卡：早期的动物像什么？

帕：像蠕虫。它们的身体由平行排列的一个个环节组成。它们能爬行或利用类似于纤毛虫的颤动纤毛移动。这是最简单的动物行为。这类生物没有神经，没有大脑，没有感官系统，但能够进食。它们拥有一张嘴和一个肛门，一碰就蜷缩起来，能避开不可食用的东西，能对强光、振动和温度变化做出反应。之后，便出现了具有头和尾巴的蠕虫。

卡：动物到底是什么？至少能给出一个恰当的定义吧？

帕：从词源来说，动物是指内在具有生命，有感觉，可以自主运动的生物。就像海绵、水母、长得像藻类的藻苔虫或珊瑚。珊瑚其实是珊瑚虫的石灰质骨骼聚集物。可以从月球上看到澳大利亚的大堡礁，表面看起来像一堆巨大的石头，但其实是动物的集合体。

卡：那肉食植物呢？为了捕食，它们发明了一个类似于动物的捕食策略。

帕：是的，但仅凭这一点还不足以将其归为动物，尽管划分的界限有时显得模糊。这也正是在进行类别划分时经常遇到的一个问题。最近，在真菌中发现了胶原蛋白。众所周知，这种蛋白质是骨骼、皮肤和肌肉必不可少的黏合剂。因此，从同源关系的角度来看，真菌更接近动物而非植物。

卡：但真菌并不是动物吧？

帕：不是。也不是植物，因为它没有叶绿素。真菌算是一种中间形态……动物界真正的源头要找蠕虫。

生物类型

卡：如今我们所知的动物竟然是从蠕虫进化而来的，真是太不可思议了！

帕：然而，蠕虫也不是一夜之间忽然出现的。从真核细胞进化到多细胞生物就花费了超过 10 亿年，而且我们至今仍无法知晓确切的进化过程。真核细胞使得有性生殖成为可能，并且促使细胞之间互相协作。细胞集合成细胞团，协同合作，组成机体，再分化功能，最终形成远大于单个细胞的生物。这些生物体内具有不可或缺的不同器官，保证呼吸、消化、生殖、新陈代谢等具体生理机能的运转。这些转变突然发生在寒武纪初期，仿佛生命已经迫不及待地要在这个世界降临。

卡：就像基础细胞群合并，创造出了一个集合所有细胞功能的超级生物，对吗？

帕：就是这样，尽管"合并"不准确，我认为"组合"更恰当。从那以后，动物界的多样化进程就取决于进化中的内部因素（决定个体特征的基因演变）和外部因素（自然灾害、大陆漂移、气候变化、为争夺资源而产生的物种竞争等）之间持续的相互作用。这些限制条件也会影响生物的基本类别。

卡：您是指每种生物的类型吗？

帕：是的。我前面提到的刺胞动物门（水母、珊瑚等）的类型特征是没有头，而海胆、海星和大部分动物都有一个"头"和一条"尾巴"。当这一类型形成，动物便能够随心所欲地活动，成为运动的主体。

卡：无论在过去还是现今，动物丰富的多样性都是由这些原始类型决定的吗？

帕：没错，整个动物界的所有动物种类，也就是现今 200 万到 300 万个物种！

卡：这种多样性归功于有性生殖吗？

帕：实际上有性生殖提供、控制并且确定了多种多样的基因，之后通过自然选择，物种得以进化。

卡：自然选择是怎样进行的呢？

帕：自然界中不存在总是准备灭绝一切生灵的邪恶女巫。每个物种对食物和能量都有需求，但资源有限，于是出现了竞争。竞争有三个层次：同一物种内不同个体的竞争、同一物种内不同群体的竞争以及不同物种之间的竞争。

卡：哪一个层次的竞争最激烈？

帕：同一物种的个体之间，因为寻求的资源必定是一样的。由于个体之间存在差别，每个个体都以不同的优势或劣势参与竞争。有些在竞争中幸存下来，如果它们的优点能够传给下一代，它们就能够在群体中扩散和增加。这就是进化。

卡：适者生存吗？

帕：是的，当时恰好具备某种优势的动物能够生存。但有时，地质或气候的突变也会导致当时最具有生存优势的物种灭绝。就轮到此前处于劣势的其他物种登上舞台，大展拳脚。

甲壳和节肢

卡：在很长一段时间里，动物有一个柔软的身体。从何时起，它们的外表发生了变化？

帕：寒武纪迎来了生物进化大爆发和动物大繁荣。大约从5.4亿年前开始，所有动物门类，当然包括现有动物的基本类别，都在这一时期涌现。那时最主要的生物群之一是加拿大布尔吉斯生物群，位于加拿大东部的大不列颠哥伦比亚省。在那里的页岩中发现了数量惊人的无脊椎动物种类，其中大部分带有甲壳。在寒武纪的化石中，大约60%是三叶虫化石。这是一种甲壳类动物，有点儿像现在的螃蟹。它们和当时96%的物种一样，在中生代（大约在2.3亿年前）灭绝。在寒武纪，三叶虫大规模出现在富含养分、矿物质和阳光充足的沿海水域中。动物身上还出现了贝壳、刺、甲壳和头胸甲，它们都由碳酸盐和磷酸盐构成，大体上就是碳酸钙和磷酸钙。构成我们人类骨骼和牙齿的成分也基本是这些矿物质。正如此所见，生命的独特之处在于它既吝啬又慷慨，微小创造了奇迹。

卡：是什么导致这些动物身上出现了甲壳？

帕：我们认为甲壳从最早的捕食者出现之时就起到了保护的作用。三叶虫属于节肢动物，该分类下包括昆虫和甲壳类动物。有意思的是，这层表面坚硬的骨骼（外骨骼）的出现，推动了节肢的出现。由此，动物在运动层面上有了新的突破。

卡："节肢动物"是什么意思？

帕：从词源的角度分析，意为"分节的脚"。这类动物拥有进化完整的器官、消化系统、血液循环系统、心脏、大脑和发达的神经系统，以及负责感觉的器官和体毛。随着运动形式的进化，动物的神经系统和大脑也逐步发育完成。

第一章 物种的新生

早期的鱼类

卡：如何解释突然间出现的动物多样性这一奇特的现象呢？

帕：从根本上看，生命注定是要进化的。而从定义上来说，生命就意味着繁衍！新的生物类型一旦出现，就会辐射开来，也就意味着多种多样的生命形式的大爆发。接着进入自然选择的阶段。

卡：生物类型提供选择，自然环境支配选择？

帕：就是这样。

卡：让我们继续讲述这段历史……

帕：在最早的多细胞无脊椎动物出现 1.2 亿年后，所有生命仍生活在水里，第一批有脊椎的鱼类出现了（是鸟类和哺乳动物的远祖）。

卡：与无脊椎动物有何不同？

帕：动物体内出现了可弯曲的、分节的棒状结构，通常从颅部延伸至尾部，被称为"脊索"。这条有弹性的棒状体预示了脊椎的雏形。在脊椎动物中，脊髓位于椎骨内。而对于脊索动物，脊索的背面为中枢神经，下面为消化道。大脑位于脊索的顶端。在生物进化的过程中，这是一个非常重要的阶段。正是这条内骨骼，日后使得大型的物种开始了对陆地的征服。

卡：这些早期的有脊椎鱼类像我们现在看到的鱼吗？

帕：不。今天的鱼类一点儿都不像远古的鱼类。早期鱼类的足迹发现于中国南方，能够追溯到 5.3 亿年前。它们体型小，软骨，以浮游生物为食。在 4.6 亿年至 4.8 亿年前的岩石层中，发现了外部覆有保护性甲壳的鱼类。这些鱼拥有骨化的甲壳，生活在富含有机质的河流入海口附近的浅海地区。这一时期，河流和海洋中主要生活着无颌类生物，那是一种无颌的食肉鱼类。它们的身体呈现细长的圆柱形，既没有牙齿也没有鳍，体型有点儿类似于现在的七鳃鳗。不同的是，它们的头上覆盖着某种骨甲。它们通过身体的摆动行进。在出现 1.5 亿年后，它们已经分化出多个种类，其中一些已经灭绝。紧接着出现了第一批有颌硬骨鱼类，有些种类的鱼身长超过了 2 米。

主动游泳

卡：还是那个问题，在无脊椎动物和有脊椎动物之间是否存在中间形式？

帕：这些脊椎动物的祖先实际上是一种形似长刺的鼻涕虫的生物，被称为"皮卡虫"。这是目前拥有肌肉组织和弯曲脊索的唯一一种脊椎动物。脊索经过演化发展成了人体的脊椎，椎间盘就是脊索进化的遗留。

卡：这一新结构改变了动物移动的方式吗？

帕：当然。在此之前，动物的移动主要依靠摆动鞭毛，改变身体内压；又如甲壳类动物像划桨一样摆动足部；或如水母喷水形成反推力进行低效的移动。而皮卡虫的出现，开启了主动游泳的历史，尽管它有一半的时间都在泥浆和淤泥中活动。

卡：为什么？

帕：因为食物的精华都在那里。所以，最有利的选择不是在海水中游来游去，而是留在海底。

卡：让我们做个总结。节肢动物拥有一个坚硬的外骨骼，其他动物则进化出一个分节的软骨脊柱作为肌肉的支撑。软骨鱼出现，包括鲨鱼、鳐鱼，然后是硬骨鱼。再接下来呢？

帕：在 4 亿年至 3.5 亿年前，硬骨鱼的种类也开始增多，在原始海洋中随处可见它们的身影。从海面到深海，无论生物能否移动，都将经历一次神奇的多样化进程。进化将作用于大脑、神经系统和感官，特别是对外部环境越来越灵敏的嗅觉。在硬骨鱼中，有一个特别的门类——总鳍鱼。对它们的头骨进行解剖后发现存在能使空气进入的内鼻孔，证明了它们能够呼吸空气。更令人惊讶的是，它们的肉质胸鳍与其他鱼类尤为不同，还带着一连串骨骼。

从鱼鳍到四肢

卡：这些发育不完全的肢体是否预示着早期陆栖脊椎动物的四肢？

帕：确实是四肢的雏形，外观形似短桨。这种鱼类的好几个分支都具备这一特殊的结构，经历进化后又消失了。但也不是所有的都消失了，还有一个种类——腔棘鱼，在 60 年前被发现于科摩罗附近海域。它身长 1.5 米，泛着青光。人们普遍认为腔棘鱼约在 6500 万年前就已经灭绝！在南非东伦敦博物馆工作的动物标本剥制师马尔若里·库尔特奈－拉蒂梅在市场上发现了这条鱼，将其制成标本，随后将鱼的图片寄给了格雷厄姆斯敦大学的鱼类专家 J. L. B. 史密斯。1952 年以来，在科摩罗群岛外海以及近期在印度累计捕获到超过 200 尾腔棘鱼，它们大部分生活在 100 米至 300 米水深处。

卡：6500 万年以来，像水母和细菌一样，这种鱼似乎没有再进化！

帕：不是的。一切都在进化，除了某些生物的外表。我们所说的"活化石"在形态上变化不大，但作为遗传基础的基因组已经发生了改变。

卡：这就证明了任何一个物种都不可能一直保持最原始的状态？

帕：没错。我们这里讲述的动物进化史，只是选择了具有重大创新意义的阶段。然而，细菌一直在进化，就和节肢动物或水母一样。

卡：从细菌进化到人类，中间可能存在着某种朝着复杂性发展的法则。

帕：认为进化朝着复杂性发展恰好是一个我们不该犯的错。事实正好相反：生命在简化。泥盆纪时期的鱼类便是最好的证据，它们拥有比人类多 3 倍以上的头骨。所以，实际上是在简化。

卡：您认为人类是一种比远古鱼类要简单的动物吗？

帕：进化之美在于不是简单添加要素使物种变得复杂，而是在简化的基础上建立尽可能完美的系统。在对"进化"下定义时，我们仍然能够发现基督教和西方哲学思想中的陈词滥调，让我们相信人类处在所有生物和整个大自然的顶端。但其实，人类只不过位于自己这一支的顶端。人类的思想是复杂且唯一的，然而在生理结构方面，确实是平庸和简单的。

各自的附属器官

卡：人类毕竟太不同于其他物种了！

帕：看起来风马牛不相及的动物实际上是以同一个模式发展起来的。外表的形式在变化，但内部的结构依旧忠实地遵循着演变的进程。例如，人类手臂上的桡骨、肱骨和腕骨与蝙蝠和海豚的一样。所有脊椎动物的肢体分布都很接近，只是形状和大小根据各自的生活方式有所不同。

卡：总而言之，我们身上有鱼类祖先的痕迹？

帕：完全正确。所有的动物在胚胎发育过程中都能找到祖先的痕迹。这一规律在 19 世纪由一位自然主义学家恩斯特·冯·巴尔提出。例如，我们脸颊上的酒窝可能是鱼类骨骼进化的遗留。不同脊椎动物的胚胎对比表明，所有脊椎动物，包括人类在内，在发育的早期阶段都是相似的。在胚胎发育过程中，都有一个大头，一颗分成左右两心房的心脏，一条尾巴和鳃裂。鳃裂构成了哺乳动物现在的耳道。我们的手和脚长有 5 个指头的这一进化史能够追溯到 3.7 亿年前长有 5 个指头的四足动物。这是脊椎动物进化过程中一个令人震惊的阶段：从鳍进化成肢体。所有的脊椎动物，包括人类，都是从这些具有 4 个桨状鳍的鱼类进化而来的。

卡：为什么是 5 个指头？

帕：有些鱼类的肢体有 5 指、6 指、7 指，甚至 8 指。然而，只有 5 指被保留下来了。我们不知道原因。这个秘密被深深地埋藏在脊椎动物的遗传基因中。

卡：所有脊椎动物都共有一个特别的附属品——尾巴。它在动物迈向陆地的过程中是否起着重要作用？

帕：正如我们所知，尾巴最初在水中充当着船舵和螺旋桨。两栖动物登上陆地，尾巴的功能有所改变，并且随着动物的演变，尾巴的功能不断趋向专业。当下，存在多少种动物，就有多少种附属器官。尾巴的功能多种多样：发出交流信号、捕捉苍蝇、吸引异性、控制运动、维持平衡、侦测地面震动，或如海狸的尾巴能储存能量。所以，这是一种在生理、交配、交际、代谢等多方面发挥功效的构造。

卡：这些长着尾鳍的早期脊椎动物是如何离开海洋的？

帕：有些研究人员认为，离开海洋的过程分为好几次。那时的内海潮涨潮落，退潮时，有些鱼被困在了低洼处，只能靠着鱼鳍划过一个又一个水洼。

卡：所以它们必然要呼吸空气了？

帕：是的。正如我们所见，这一特征的出现与肢体没有直接关系，两者独立进化。这些鱼类拥有连接原始肺部的鼻孔，能够在水以外的环境呼吸。现今的一些鱼类仍保留着呼吸空气这一行为，如肺鱼，它有两套呼吸系统，被发现于1938年，在澳大利亚、南美洲和非洲热带地区均有分布。在有水的环境里，肺鱼像鱼一样生活；到了干旱的季节，水干涸时，它们就挖一个洞，躲在里面防止干化。它们用肺部呼吸，通过数个小孔与外界通气；不需要进食，靠能量储备存活。3.5亿年前，这些鱼类占领了地球，可现在只剩下不超过6种。

巨型昆虫

卡：那时的地球是个什么样子？

帕：那时的地球是一整块面积巨大的大陆，也就是泛古陆，亦被称为"老红砂岩大陆"。4.3亿年前，在鱼类出现的同时，植物从矿床开始了对陆地的征服。5000万年后，在阳光争夺战中，巨型植物获胜并大力发展。接着，就轮到昆虫和其他节肢动物上场了。

卡：昆虫也是巨型的吗？

帕：3.8 亿年前的昆虫化石表明，它们那时还是微小的昆虫，没有翅膀，会在地上挖洞。得益于石炭纪炎热多雨的气候条件和繁茂的茎叶植物，昆虫种类增多。新的环境为昆虫的多样化发展提供了机遇，巨型昆虫迎来了黄金时代，出现了翼展 1.2 米长的蜻蜓，直径 1 米宽的蜘蛛，长 60 厘米的蝎子，还有蜉蝣、蚜虫、蝉、蚱蜢、金龟子、蚊子、苍蝇、臭虫……

卡：为什么有些昆虫的体型如此巨大？

帕：因为没有天敌。一种生物类型出现后，世界就属于它们了。先到先得。

卡：这也是它们种类如此繁多的原因吗？

帕：因为昆虫能够适应各种生态位。证据是，昆虫从出现至今已有 3.5 亿年，目前动物界 80% 的动物是昆虫。我们已知的昆虫种类约有 150 万种，估计还有 300 万到 400 万种有待探索。

卡：它们来自哪里？祖先是谁？

帕：它们来自海洋。甲壳类动物、昆虫和蛛形类动物（蜘蛛、蝎子）都是节肢动物的分支，也就是著名的"分节的脚"。甲壳类动物坚硬的外骨骼为昆虫提供了支撑，还能不令它们的身体暴露在空气中，受风吹日晒而脱水。它们没有肺部，直接通过皮肤呼吸。

卡：它们的翅膀是怎么来的？

帕：这也是源于简单而又神奇的基因"修补"。一次基因突变可以将触角变为腿。与昆虫的翅膀到四足动物的四肢同理。一个变异的基因能够将蝴蝶的 4 个翅膀变成苍蝇的两个翅膀。

卡：我们是怎么得知这些的？

帕：通过对古生物学和化石的研究，再加上发展中的基因学以及研究生物发展变化的进化生物学。我们借此了解到，昆虫的复眼和脊椎动物的晶状体眼球在基因层面是相同的，都源自同一个原型。所以，无论是蠕虫、昆虫，还是包括人类在内的大型哺乳动物，眼睛的形成过程是一致的。

卵的出现

卡：有昆虫作为绝佳的食粮，两栖动物即将迈开 4 条腿走上地面。自此，脊椎动物征服陆地的所有条件已全部具备，但这又是怎么发生的呢？

帕：4 足两栖动物，也就是长有四肢的动物，当时还依赖着水生环境。它们要想摆脱水生环境，必将经历一场生殖层面的大变革。当时，雌性两栖动物在水中产卵，再由雄性对卵子进行受精。两栖动物幼体的孵化和变态都受到由基因控制的激素影响，而基因也决定了不同组织细胞的生长。蝌蚪能在短短几周内改变形态：呼吸用的鳃退化消失，长出了肺；尾巴逐渐消失，长出了四肢。这一转变过程非常神奇，但也导致两栖动物必须生活在水边。大约在 3.3 亿年前，一些两栖动物带着卵离开了水！

卡：这是怎么做到的？

帕：这是动物的卵第一次在雌性动物体内受精。卵受到外壳的保护，从羊水中汲取养分，使得动物胚胎能够不受外界环境影响而健康成长。卵中第一个囊含有卵黄，能够为胚胎提供养分；第二个囊是尿囊，可以储存代谢废物；第三个囊可以输送氧气；而第四个囊由羊膜包裹，起到保护胚胎的防震作用。

卡：这真是革命性的转变啊！

帕：确实如此，这一转变使得脊椎动物能够切断对水生环境的依赖，得以成功征服陆地。另外还有一个新变化出现：两栖动物喜湿，对干燥环境特别敏感，于是逐渐进化出了更加坚硬的皮肤。爬行动物出现的时间更晚，它们生长出骨质的保护甲壳，彻底解决了干燥问题，后来由此逐渐进化出鸟类的羽毛。这些都是基因巧手"修补"的结果。

卡：所以是两栖动物促使了爬行动物的诞生？

帕：是的，爬行动物出现在大约 3.5 亿年前。这并不妨碍两栖动物继续进化，分化出不同门类，产生了蝾螈、青蛙和蟾蜍。爬行动物中则进化出了乌龟和蛇。当时的蛇还是有脚的，不过在后来的进化中消失了。

卡：为什么消失了？

帕：因为蛇用不到脚。和我们长期以来的观念相反，功能无法创造器官。但无用的功能会导致形体上的退化，有时也会留下退化痕迹。比如人类的尾骨就与其他哺乳动物的尾巴相似，会发炎的阑尾则是食草动物用来消化植物纤维素的大肠退化后的器官。还有马蹄，由早期动物的 5 趾退化而来，如今的马蹄只有一个封闭的中趾和原始趾骨的残留物。这些都是进化的证据。

保持恒温

卡：爬行动物也变得更加多样化了吗？

帕：当然。爬行动物是冷血动物，体温依赖于外界温度，后果可想而知。后来，恐龙和鸟类成功地克服了这个问题。此外，从 3.2 亿年前开始，哺乳爬行动物演变出许多肉食性和草食性哺乳动物。这些动物都进化出了一个完善的内部体温调节机制，具有了恒温性。由于它们的大脑中有一个控制中心，与能够察觉到外界温度细微变化的感觉细胞相连，因此它们能够保持恒定的体温。后来发展出的毛发和羽毛能帮助动物在炎热和寒冷中保持恒温，并且吸附皮肤表面的一层空气，尽量减少体内水分的流失。每个物种都发明出了自己的一套方法来更好地调节自身的新陈代谢。睡鼠、旱獭和熊通过冬眠减缓体温的下降，由此减缓能量的消耗；大象则是借助布满血管的耳朵来散热；而人类和马则是通过排汗散热。

卡：调节体温的能力使生物减少了对环境的依赖吗？

帕：没错。由于恒温能力的出现，生命的节奏发生了改变。无论外部温度如何，维持一个稳定的体温可以保证活动的持续。这也增强了动物在不同环境中的适应能力并催生出除本能外更多与学习和经验相关的其他行为。

卡：您前面提到，有一些哺乳动物成为肉食动物，而另一些则为草食动物。为什么进化催生了如此不同的两种饮食制度？

帕：动物必须以其他生物为食。大自然既慷慨又节约。生命处于永恒的循环之中。食物和动物的身体构造密切相关。就像管理新陈代谢的方法有无数种，存在多少动物种类和生态环境，就有多少种饮食制度。主要可分为三大类：草食动物、肉食动物和杂食动物。其他还有以水果为食的食果动物；以昆虫为食的食虫动物；以动物死尸或腐烂的器官为食的腐食动物；依赖其他生物为生的寄生动物。杂食动物的多样化饮食帮助它们适应环境中的各种情况和变化。

卡：这是一个巨大的优势吗？

帕：但同时也是劣势。因为多样化的饮食使得它们永远处于觅食之中，这也是依赖性的另一种体现。

卡：体型越大，吃得就越多吗？

帕：并不绝对。体型大的动物吃得多，但其实与体型相比，它们比小型动物吃得少。食草动物总是在吃，因为植物的营养价值很低。肉食动物,如狼和狮子,一次可以吃下十几千克的肉,然后消化好几天。它们从猎物的血液中摄取葡萄糖,获得奔跑和猎食不可或缺的糖类与热量。大型动物的运动往往非常缓慢,所以对食物的需求也比体型小的动物要少。体重仅有几克的蜂鸟为了保存能量,在夜间会陷入昏睡状态,而在白天,它要食用超过自身重量一半的食物。为了避免饿死,鼩鼱每天必须食用相当于自身重量的食物。而一头重达 3 吨到 8 吨的大象,每天却只需要摄取相当于其自重 5% 到 10% 的食物,在旱季,大象平均每日则只要摄入 150 千克的植物即可。

卡:在动物界,体型大算是优势吗?

帕:动物体型越大,热量损失就越少。所以这是一个优势,有助于节省能量和储存热量,还可以占据很大一部分可利用的生态位以对抗捕食者。体格越大,在运动中投入的精力就越少,就越有可能长寿。大象可以活到 70 岁,而蜜蜂在一个夏天飞了几百千米之后,生命就消耗殆尽了。然而,体型大也有缺点。

卡：比如说？

帕：动物越长寿，性成熟得就越晚，对下一代的养育时间就越长。事实上，它们繁殖的速度远慢于体型较小的物种。不过，进化总是致力于丰富动物的种类和数量。一次大规模的环境变化可能会使大型动物丢掉生命，陷入数量稀少的困境。而对小型动物来说，能够较轻松地恢复数量，适应这一改变。

卡：这就是恐龙的遭遇吗？

帕：从某种程度上来说，是的……

第二节

巨型动物时代

就在昆虫征服天空的同时，恐龙正在陆地上探险。这些动物将成为地球无可争议的主人，统治地球长达 1.5 亿年。

恐龙王朝

卡："恐龙"一词的起源是什么？

帕："恐龙"（法文 dinosaure）一词源自希腊语"deinos"（意思是可怕的）和"sauros"（表示蜥蜴）。这个词语的出现要归功于英国医生和古生物学家理查德·欧文，他在 1842 年提出用该术语统称由吉迪恩·曼特尔于 1825 年发现的一组化石。

卡：这些著名的"蜥蜴"从何时开始统治了地球？

帕：恐龙的探险始于 2.45 亿年前的三叠纪，兴盛于侏罗纪，并结束于大约 6500 万年前的白垩纪末期。从侏罗纪开始，地球分为两半，一半是南半球的冈瓦纳古陆，由南美洲、大洋洲和南极洲组成；另一半是劳亚古陆，由北美洲、欧洲和亚洲组成。特提斯海将北方大陆与南方大陆分开。在这个令人难以置信的世界中，恐龙将在长达 1.5 亿年的时间内统治所有陆地生态系统。那个时期，所有露出水面的土地都沐浴在温暖的气候中。当时的两极还不是冰雪世界。海平面的上升导致内陆海域大面积扩张。冈瓦纳古陆的分裂也有利于沿海海域的形成，在这些海域中生活着丰富的浮游生物。地球就像一个既炎热又潮湿的大型动物园。

卡：当时的地球是爬行动物的天堂吗？

帕：完全正确。当时的植被仍是许多蕨类植物，它们曾是古生代的植物女王。裸子植物，即种子没有被种皮包裹的植物，也在蓬勃生长。当时的裸子植物看起来不像现代的松树或云杉，而更像棕榈树。它们的样子和如今佛罗里达的大沼泽地森林最为相像。当时就只差恐龙出现了！

卡：随着时间的推移，恐龙王朝相继出现了吗？

帕：没错，事实上，出现了好几个种类繁多的大群体。我们目前所知的恐龙有600种。体量最小的还没有一只母鸡大，体量最大的食草梁龙身长26米，重达50吨。当然还不得不提令人生畏的暴龙，从词源上看，暴龙就是"蜥蜴暴君之王"。它身长15米，高6米，血盆大口中满是长达20厘米的匕首形牙齿。

卡：我们了解这些巨兽的生活方式吗？比如说，它们是否有家庭观念？

帕：首先，恐龙是温血动物，因此能够保持体内温度恒定。但它们的新陈代谢系统不像鸟类或哺乳动物那样完善，特别是那些个头较大的恐龙。当然，也不排除恐龙有我们迄今为止尚未发现的调节系统。恐龙产蛋，大部分恐龙蛋都是在法国南部、西班牙和蒙古的白垩纪地层中发现的。有些恐龙会像现代的鸟类一样孵化小恐龙。它们的巢穴大部分都是由一层厚厚的植被构成。

卡：这层植被有什么用途？

帕：植物在发酵过程中会提供热量，同时也能提供恐龙蛋所需的湿度。和它们的后代——鸟类一样，我们大胆猜测恐龙可能会采取某些培养下一代的策略。在这一过程中，它们会做出大量的亲代投资，甚至可能采用了"一夫一妻"制。90%的鸟类采取"一夫一妻"制。雏鸟能够独立之前，鸟类夫妇会一直待在一起。小恐龙刚孵化出来时十分脆弱，因此父母不得不格外小心照看。就像鳄鱼一样，恐龙会十分谨慎地移动和保护还未孵化的蛋，也会小心翼翼地帮助小恐龙破壳而出。

卡：小恐龙吃什么？

帕：我们一直在思考恐龙父母是否会反刍食物，或者小恐龙出生后是否就已经能够在巢穴附近独立觅食。我们对小恐龙的成长过程也非常好奇。既然小恐龙的父母，它们无论是食草还是食肉的，都无法通过母乳喂养为"孩子们"提供高营养的物质，那么这些如此脆弱的小恐龙（有些体重不足 200 克）怎么会变得如此之大？恐龙可不像鲸，鲸母可以每天喂给幼鲸大约一吨母乳。（鲸母乳汁中的蛋白质含量是陆地哺乳动物母乳的两倍，这也是为什么幼鲸的体重每天能增长 100 多千克。）那么，恐龙又是如何做到的？这一点，我们不甚了解。据推测，小恐龙在成长过程中应该经历了好几个生态位。

卡：我们如何能了解恐龙的日常生活？

帕：对恐龙生活的研究，即古生物学研究，是一门新兴的学科。古生物学家的解释有时看起来十分大胆，但确实在进步。古生物学家可以通过分析骨骼化石来推测动物的行为。例如，骨头上的咬痕和牙齿的磨损可以提供许多饮食方面的信息，粪便化石的组成物也能提供宝贵的信息。就这样，我们发现大多数恐龙都有群居行为，而且或多或少都具有组织性。足迹显示，恐龙会成群移动，但不知道它们是临时聚集起来的，还是长期群聚在一起。

卡：我们对它们的生活方式还有什么了解呢？

帕：一些咬啮痕迹表明恐龙之间存在冲突：它们是为争夺配偶，为挑战权力，还是单纯地为猎物而战？我们也无法知晓。然而，通过分析它们的骨架和足迹，我们推测恐龙具有快速、活跃、敏捷和有力的移动模式。这与我们之前所想象的正好相反。例如，霸王龙以每小时 47 千米的速度奔跑，比另外一种两足动物——人类的纪录高出每小时 10 千米。虽然这么说，我担心从认为爬行动物笨重到过多提及现在的哺乳动物进展得太快了。

致命的陨石

卡：关于恐龙灭绝，出现了将近60种相互矛盾的理论，却至今没有一个答案。我们能听听您的看法吗？

帕：6500万年前的白垩纪末期，恐龙消失了。它们是如何消失的？当然，我们并不清楚这个故事。我们常说，有两种假设最为可靠，一是陨石坠落，二是火山爆发。基于第一种假设，我们认为可能有一颗巨大的小行星撞击了地球。有些人认为，位于墨西哥尤卡坦半岛的希克苏鲁伯火山就是撞击的证据。希克苏鲁伯火山形成于6500万年前，火山口直径近200千米。陨石撞击带来的冲击形成了巨大的尘埃云。尘埃云遮挡住太阳，使温度降到了零摄氏度以下。接着，低温和黑暗导致光合作用减慢，植物大量死亡，整个食物链失去平衡。绝大多数食草恐龙也相继死亡，接着轮到以食草恐龙为食的食肉恐龙。

卡：除了撞击的痕迹，还有什么证据能表明恐龙的灭亡与陨石坠落有关？

帕：我们在地球上发现了金属铱的痕迹，而这样高浓度的金属铱仅存在于来自外太空的石头中。我们还观察到了岩石的变化，这种变化只能在强烈的冲击和高压之下才会出现。然而，虽然金属铱几乎不存在于地壳表层，但有可能出现在地球深层。火山喷发的一股股岩浆很有可能将这种金属带到地表。

卡：这就是第二种假设吗？

帕：没错，在印度西北部的德干高原上发现了4000米厚的大面积固体熔岩流（约200万立方米的熔岩）！如果要追溯起来，很有可能是一场强度大到几乎疯狂的火山大爆发，而且可能持续了70万年！接下来，尘埃云和大量的二氧化碳扰乱了全球气候，使雨水和海洋变酸，并阻碍了光合作用。和这种黑暗的地狱相比，陨石坠落的影响不过如一粒尘埃。我们可以做个比较，1883年印度尼西亚喀拉喀托岛上的佩尔不阿坦火山爆发引发了一场环绕整个地球的海啸。火山爆发后的灰烬冷却后导致新不列颠岛次年发生了一场大规模的饥荒。还有，1991年菲律宾皮纳图博火山喷发，令全球平均气温下降了2摄氏度！

卡：恐龙的灭绝是突发的，还是一个渐进的过程？

帕：从进化的角度看，恐龙的灭绝很突然，但从时间来看是逐步发生的。恐龙灭绝之前就已经进入了逐渐衰退的阶段。那时，由于气候变化，植被也发生了相应的改变。从7000万年前开始，北半球的气候变冷，这种条件有利于现代的植物繁殖。各地区虽有不同，开花植物（如被子植物等）涵盖了地球上近90%的植被。所有这些构成了一个与大型爬行动物原来所处的环境完全不同的环境。恐龙就在这种情况下走向了衰落。

卡：因此，宇宙或地质性的灾难便是致命的一击？

帕：的确如此。可以说是好几种自然原因共同作用下的结果。

卡：也就是说，不是只有恐龙会消失……

帕：当然不是。其他陆生动物也和恐龙一起消失了，比如一些海洋爬行动物、飞行爬行动物以及一些海洋生物。总共75%的动植物物种都消失了。但并非所有动物都灭绝了，其他存活下来的动物还有鳄鱼、海龟以及哺乳动物。

卡：这是生命史上唯一一次大规模灭绝吗？

帕：不是。地质时期的更替在很大程度上是以生物的大规模灭绝为标志的。这是一个循环往复的过程。2.4亿年前，居住在生物圈中近95%的生物都化为乌有。自古生代以来，地球经历了7次大灭绝。

哺乳动物的胜利

卡：这些灭绝对进化有什么影响？

帕：一般来说，灭绝起着催化剂的作用。幸存的生命形式变得更加多样。借助这次自然选择的机会，活下来的生物占据被解放出来的生态位，并创造出新的生态位。

卡：恐龙时代的结束为哺乳动物和鸟类创造了有利的条件吗？

帕：在恐龙统治期间，即在 1.45 亿年至 6500 万年前，就已有多种哺乳动物登场。哺乳动物仅用几百万年的时间就取代了恐龙，从地质时间来看，这个速度非常快。

卡：这些哺乳动物是怎么来的？

帕：哺乳动物的历史真正开始于古生代末期，大约在 3.2 亿年前。我们之前提到过，泛古陆将地球一分为二。南部的冈瓦纳大陆将经历寒冷和温和的气候。一群爬行动物将适应这种新的气候条件。

卡：是爬行动物还是哺乳动物？

帕：是哺乳类爬行动物，也就是说它们具有哺乳动物的特征。

卡：它们是否受其他爬行动物的支配？

帕：并不，它们是主宰者。在 2.8 亿年前到 2 亿年前，出现了许多大型哺乳爬行动物，被称为"犬齿兽"。

卡：为什么它们会在侏罗纪时代销声匿迹，而又在后一个时代之初重回巅峰？

帕：因为温暖的气候更有利于爬行动物的生存，所以，相比哺乳动物，恐龙和其他爬行动物暂时占据了上风。

卡：第一批真正意义上的哺乳动物是什么时候出现的？

帕：在中生代，距今约 1.8 亿年前。它们有温暖的血液并长有皮毛，十分有利于在不同的气候条件下生存。它们可以怀有一个或多个胚胎。幼年的哺乳动物待在母亲身边，食用母乳。幼崽便利用这种依赖性，通过模仿学习属于物种特有的行为。出现在恐龙时代的哺乳动物体型非常小，几乎不比老鼠大。但它们生性谨慎，只在夜晚外出，所以能够与恐龙共存。

卡：它们体型很小，这可真奇怪……

帕：然而是真的，甚至在进化中也称得上独一无二。但不管怎样，它们非常活跃。为了获取食物，它们的行走、奔跑和反应速度都加快了，感官变得更加灵敏。多亏了咀嚼能力和一口利牙，食物的消化变得更加迅速。哺乳动物现在只有两种牙齿：一种是乳牙，另一种是成年后的恒牙。一些牙齿用于切割，一些用于撕裂和磨碎。而爬行动物的所有牙齿都相同，呈圆锥形、无牙根，并且能不断更换。

卡：提一个常规问题——从产卵的爬行动物到母乳喂养的哺乳动物之间是否存在中间阶段？

帕：有可能存在一种与澳大利亚鸭嘴兽类型相同的动物。那是一种卵生的哺乳动物，可产卵也可哺乳幼仔，但没有乳头。母乳可通过皮肤渗透出来，幼仔再舔舐母兽的毛发从而吃到母乳。它们还有像鸭嘴一样的喙，像海狸一样的尾巴和蹼足。这种动物的雄性，足底有一种毒素，是为数不多的分泌毒液的哺乳动物。虽然大洋洲有许多有袋动物的幼崽生长在母亲肚子上的口袋里，但进化过程还是朝着胎盘的方向发展。现在主宰地球的还是胎盘哺乳动物。

卡：为什么有袋动物主要都在大洋洲？

帕：在 7500 万年前的白垩纪，南美洲、北美洲、南极洲和大洋洲都生活着有袋动物。当大洋洲大陆在 4500 万年前与其他大陆分开时，海岸周围只有有袋动物，没有任何胎盘哺乳动物。

卡：物种能适应大陆分离、洋流变化和气候变化吗？

帕：有些物种消失了，有些进化了。当大洋洲与其他大陆分离时，原本气候温和的南极地区温度骤降。大多数鱼类都消失了，除了南极鱼，它们在体内制造了一种防冻剂，适应了寒冷的气候。每个物种都为了生存竭尽所能。

疯狂飞行

卡：哺乳动物在陆地上进化的同时，对天空的征服正在进行……

帕：是的。昆虫出现 1.5 亿年后，飞行类爬行动物翼龙创造了飞行的奇迹，有些翼展能达到约 15 米。它们没有羽毛，但手指间有像蝙蝠一样伸展相连的皮肤。在这些（类似于大型滑翔机的）飞行类爬行动物出现 5000 万年之后，鸟类出现了。又过了一段时间，唯一的飞行类哺乳动物——蝙蝠也出现了。蝙蝠又被称为"翼手类动物"，我们今天所知的蝙蝠多达上千种。

卡：鸟类是这些飞行类爬行动物的后代吗？

帕：不是，鸟类是肉食性两足动物（包括牙齿尖锐的暴龙）的后代。鸟类的祖先是身上长着羽毛的小型动物，最古老的痕迹可以追溯到始祖鸟。1861 年，德国巴伐利亚州的工人在一个采石场发现了始祖鸟的化石标本。保存标本的化石可以追溯到侏罗纪时代，也就是 1.5 亿年前。始祖鸟的体型与一只大型鸽子相当，有一个被羽毛覆盖的蜥蜴尾巴和一个齿状的下颚，翅膀边缘有爪子，反映出它具有爬行动物的原始特征。

卡：真是有趣的鸟！

帕：我还只说了一点点。今天鸟类爪部上覆盖的鳞片证明了鸟类和爬行动物之间的密切关系。始祖鸟一直以来都是这些联系存在的最好证明之一。并且，最近在中国和蒙古发现了带羽毛的恐龙。它们大小不等，小的如老鹰，大的高约 2 米。所以，进化不是线性的，而是马赛克式的：有些化石中的动物拥有鸟类的翅膀和恐龙的尾巴，有些则有带羽毛的短尾巴。

卡：这些化石中的动物比始祖鸟还要古老？

帕：是的。大约在 2 亿年前，有一群奔跑的恐龙，它们的四肢和尾巴上都覆盖着羽毛，其中包括著名的偷蛋龙和古盗龙。对某些动物来说，它们是可怕的掠食者，会追捕蜥蜴和哺乳动物。还有一些甚至比始祖鸟更擅长飞行。

卡：鸟类为什么开始了飞行？

帕：首先，飞行有助于保护自己免受捕食者的追赶并征服其他领土。在游隼的最快俯冲速度达到每小时 360 千米之前，飞行一直呈渐进式发展。有人猜想，最初的飞行是小蜥蜴的快速奔跑。

卡：那么羽毛呢？为什么会出现羽毛？

帕：在进化的过程中，羽毛的作用越来越专业。比如飞羽，即翅膀和尾巴上的羽毛，成为调节飞行方向、减缓气流、着陆缓冲和起飞的必要条件。还有一种假设，认为羽毛的出现是为了抵御严寒，防止幼崽受寒。想象一只全身覆盖着绒毛的小霸王龙，会是一只多吓人的大鸟啊！羽毛的出现也极有可能为雄性的求偶提供了帮助。或许还具有恐吓作用，鸟儿竖起羽毛更具有威慑性。

卡：羽毛是爬行动物身上的鳞片的变形吗？

帕：没错。组成羽毛的角蛋白与组成毛发、蹄、指甲或爪子的角蛋白相同。这一物质本身由白蛋白组成。当然，动物不可能损害其他部位的发展而大量生产羽毛所需的角蛋白，它们需要通过食物摄取来补充这种物质。

卡：它们去哪里寻找这种物质？

帕：对蜥蜴来说，蛋、哺乳动物和遍地的昆虫都是角蛋白的来源。一只小蜥蜴要想抓住昆虫就得跑得非常快……

卡：快到有一天能飞起来？

帕：是这样的。快速移动所需的能量主要来自昆虫，而非植物，因为飞行消耗的能量比任何其他活动都多。我们可以想象一下，一只飞行距离超过两万千米的北极燕鸥消耗的能量，一只不比黄蜂大的蜂鸟要付出多少努力才能翅膀每秒振动 50 次以上并达到每小时 100 千米的飞行速度，还有翼展超过 3 米的信天翁必须跑上好几米才能获取起飞所需的动力。这就是鸟类在树上筑巢前必须经历的过程！

四条腿的鲸

卡：顺应进化需要一些锦囊妙计，不是吗？

帕：大自然在不断想办法。首先，鸟类的肺部比哺乳动物的肺部能更好地促进气体交换。其次，鸟类的骨头是空心的，里面的骨髓被某种充满空气的气囊所取代。这样，鸟类就能更好地吸入氧气，也能变得更轻盈。白垩纪最大的飞行类爬行动物之一的风神翼龙，翼展超过 15 米，重量却不超过 15 千克！风神翼龙的骨头不是充气式的，而是彻底空心的，其实只是一些骨壁极薄的管子。

卡：借助两只羽毛翅膀振翅起飞或盘旋飞行并不是唯一的飞行方式吧！

帕：没错，也有其他适应飞行的方式。和亚洲龙一样，蜥蜴从树上掉下来时，可以展开身体两侧的膜滑行飞翔，就像现在的猛禽飞行的模式。大洋洲和北美洲的飞鼠能以同样的方式从一棵树飞到另一棵树上。还有青蛙、有袋动物或像 1 米多长的飞蛇（金花蛇属）这样的爬行动物。以及东南亚的飞狐猴，那是一种非常接近人类的哺乳动物。在海洋中甚至有一种飞鱼，它用肥大的鱼鳍拍打水面，就好像在水上飞跃。在南美洲的河流中发现的斧鱼也能飞出水面。为了捕食昆虫，斧鱼拍打胸鳍在水面上飞翔，就像小鸟振动翅膀。

卡：多么奇特的发明！我觉得，适应生存面进化的方式总是多种多样。

帕：是的。生物为应对变化进行了各种各样的"设计"。

卡：生物不会退化回去吗？

帕：永远不会。母鸡再也不会长出牙齿了！

卡：可是，原本是陆地哺乳动物的鲸回到了水中，脊椎动物可是花了数百万年才离开了海洋。

帕：鲸回到海洋并不是因为进化上的退步，而是迫于环境的压力。5500万年前，与今天肉食动物的始祖相近的远古鲸就开始在水中扑腾了。中爪兽是鲸类始祖家族的代表，外形酷似鬣狗，生活在沿海地带，会潜水捕鱼。又过了500万年，最早的水陆两栖哺乳动物出现。它们的四肢向外伸展，喷水的鼻孔开始向头骨顶部移动，耳膜也发生了变化。4000万年前，终于出现了两种类型的鲸，一类是像鲸这样带鲸须的，另一类是像抹香鲸一样带牙齿的。简而言之，鲸的进化存在一个过渡阶段。那时，它们既能在陆地生活，又能在水中生活，就像现在的海狮。四肢在适应水中生活的过程中最终变成了鳍。鲸失去了后肢，但在胸鳍的位置保留了趾骨和骨盆残留的痕迹。鲸有肺，能浮上水面呼吸。但同时由于鲸特殊的生理构造，它能在水深500米的海面下潜水15分钟。

卡：就像牙齿只能成为母鸡的回忆一样，水生哺乳动物永远也找不回原始的鳃了。

帕：的确如此。负责形成这些器官的基因永远消失了。基因的发展是一个不断累积的过程，可不会回炉再造。

卡：不管怎么说，巨型动物并没有完全消失。

帕：没错，鲸和大象就是证据，还有生活在海洋中，翼展长达 5.8 米的巨型蜘蛛蟹。这些物种就像恐龙一样让我们心生畏惧。但别忘了，人类是大型哺乳动物之一：99% 的物种体型比我们小。在目前的 200 多种灵长类动物中，只有雄性大猩猩比人类更重，但不比人类高。

迷你马

卡：物种出现、消失、变化，在每个阶段都有不同的机制，
进化似乎有特定的方向……

帕：不，进化只分为不同的阶段。人类不是被谁设计出来
的，暴龙、大象或蟑螂也一样。大自然总是朝着多样化发展，
这样才能不断涌现出新的特性。盲目相信存在某种设计、某只
神圣之手或某个指导原则，以为自己处于一个所谓的进化的最
高级，就会让我们忘记其实人类是人科中最晚出现的，就像马
是马科中最晚出现的一样。

卡：那我们正好谈谈这件事吧。马的进化完成了吗？

帕：没有。马最初只是一种有5个趾头的小型动物，几乎
不比卷毛狗高多少。但今天的马简直就像专为奔跑而设计的四
足模型。马类的运动能力经历了5000万年的发展。当然，如
果快速回顾马类的进化历程，从始新世的微型始祖马一直到现
代的马，很容易产生一种错误的印象：进化总是朝着复杂、高效、

大型和专业的方向。然而，进化可不是隆尚赛马场里从起点笔直到达终点的比赛！有人甚至认为，马下颚牙齿之间的空隙是上天设计好为了在那里放置马衔的！

卡：观察马类的进化树，应该能发现它们所有可能的变种，就像我们从故事开头一直到现在遇到的所有物种？

帕：完全正确。人们认为马就应该进化成今天的样子的原因很简单，只是因为现代马是马类中最后幸存的种类。仅在300万年前，即南方古猿露西所在的时期，三趾马还在大草原上奔跑。如果今天常见的马没有遇到人类，也许就被牛科动物取代消失了。人类也是如此。2000万年前，人类的祖先，即类人猿，在非洲的森林中繁衍生息。中新世初期，只有两种猴类，几乎不存在长尾猴或有尾猴。但今天，有尾猴超过了80种，而包括人类在内的类人猿不会超过5种，所占比例微乎其微。人类取得了成功，猴子获得了胜利。

环境是毁灭者

卡：当我们讲述生命的故事时，应该要注意到我们几乎总是专注于新生命而忘记了其他事物。

帕：说得对。当两栖动物出现时，我们认为这是一种相比过去高度进化的新生物，而遗忘了鱼类也在进化和演变。到目前为止，它们既遭遇过灭绝，也经历过重生。鱼类摘下了脊椎动物进化过程中的桂冠，现存鱼类就超过了两万种。同样，在当前自然界中，作为最初生命形式的细菌在生物量方面仍占主导地位。我们今天普遍会认为环境是创造者。

卡：这种想法难道不对吗？

帕：当然不对，环境是毁灭者，专注于发展多样性。

卡：那么自然选择这种想法仍然恰当吗？

帕：举加拉帕戈斯群岛上的仙人掌雀为例。1977 年异常干旱，食物也因此变得稀少。由于找不到植物种子、破壳的果实和昆虫，雀类大量死亡。到了第二年，人们发现幸存下来的雀类喙的大小发生了变化。

卡：为什么会发生这种变化？

帕：因为自然选择倾向于让能够撕开树皮找到昆虫、打开坚硬种子和果实的雀类存活下来。再举一个例子：在太平洋地区，渔网总是被设计成利于留住大鱼，让小鱼逃走的形状。由于使用这种渔网，鱼的体型变得越来越小。当地环境的压力造成了这种变化，新物种就在这种原始的动力中诞生。这种改变可能在很短的时间内发生。

卡：我们已经不认为生物永恒不变了。

帕：18世纪，像布封这样的自然主义者为推翻固有观念做出了大量贡献。同时，科学也从长期占据主导地位的自发生成理论中解放出来。从古代到17世纪中期，人们误认为昆虫、老鼠、蟾蜍都是从泥、粪、土中自然而然出现的。1668年，意大利人弗朗西斯科·勒迪证明了蛆虫是从苍蝇卵中诞生的，成为推翻这种误解的先驱之一。

卡：在 19 世纪，达尔文改变了一切。

帕：对，他揭示了自然选择的基本法则，颠覆了人们对世界秩序的看法，并直面保守派的挑战。在那个宗教色彩浓厚的时代，达尔文反对包括人类在内的一切物种的诞生都受到某种至高力量的掌控，因此遇到了很多麻烦。尽管如此，达尔文的争论和发现仍然具有现实意义。多亏了他，我们才发现生物是由共同的祖先不停进化和演变的结果。

卡：也是个体和环境相互作用的结果？

帕：没错。生命改变了创造它的土地，就比如之前提到的氧气被释放到大气中。自此，这种相互作用就像树木不断分枝，越往上，树的叶丛就越复杂浓密。

红桃王后

卡：生命"发明"了共同进化吗？

帕：我不知道"发明"是否准确，但很明显，几个物种同时进化导致了某些特殊关系的产生。

卡：某种形式的约定？

帕：更准确地说是共生关系。

卡：就像生活在我们内脏中的细菌？

帕：或者说像植物和动物之间的微妙平衡。植物通过气味、外形、果实或颜色吸引昆虫、哺乳动物和鸟类，依靠它们在大自然中传播种子以促进繁衍。

卡：作为回报，植物为动物提供食物。

帕：对，巴西北部有一种沙漠蜥蜴，它以一种仙人掌的果实为食。如果说植物对于动物的生存是绝对必要的，那么反之也成立，因为仙人掌的种子只有通过蜥蜴的消化系统消化后才能发芽。事实上，这种共同进化从一开始就存在。最初的海洋生物装备了甲壳来应对它们的捕食者，与此同时，这些捕食者也配备了有力的钳子来应对猎物的保护措施。这就有点儿像军备竞赛。

卡：您讲述的动物史好像处于永恒的挑战中。

帕：生命在永恒的变化中保持活力，就像刘易斯·卡罗尔笔下的红桃王后的故事。红桃王后对爱丽丝说："我的女孩儿，为了留在你现在的位置，你必须尽可能快地跑起来。"这句话用在动物的进化历程中就意味着，即使环境保持稳定，竞争仍在继续。当同一物种的某些个体获得新的特征（这种情况一直都有发生），生态群落的平衡会因此而发生改变，其他种群也会受到影响，但对某些个体而言是有利的。所以说，为了保住原位，必须不断奔跑……

第三节

性的产物

轮到哺乳动物称霸地球了。其中一支生活在树林里、尖鼻带爪的食虫动物会进化出灵长类动物。我们的祖先——猿猴的出现掀开了动物史上的另一个篇章。

性的创造

卡：如果说生命初期的移动性使得生物能够征服新领土，那么性的出现是否是为生物数量的增加而服务的呢？

帕：是的。诞生于生命伊始的性能够促进基因与好的突变形成新的结合，由此产生了大量的物种和个体。

卡：但有性繁殖并不是唯一的繁殖方式，是吗？

帕：我们知道单细胞生物的分裂，像大多数细菌或变形虫会一分为二（这就是有丝分裂），以及藻类和珊瑚虫的出芽生殖。许多动物，例如黄蜂或雌性蚜虫，也能不进行交配而繁殖后代。但蚜虫在天气变冷的秋天会重新进行有性生殖。

卡：为什么？

帕：因为环境变得不够稳定了，而受精卵具有更好的抗寒性。事实上，如果物种之间没有竞争，并且环境绝对稳定，单性生殖就会占得上风。但这是不现实的，有性生殖就是为了确保生命的延续。雌雄同体动物，比如蜗牛，还有其他繁殖的方式。

卡：它们自己就能进行繁殖吗？

帕：并非如此。虽然每个个体都可以同时产生卵子和精子，但若要繁殖后代，它们需要进行交配。

卡：无性繁殖的物种是指失去性功能的物种吗？

帕：是的。因为性行为对它们来说需要消耗太多能量。自我繁殖能够以更低的成本更快繁殖，没有需要雄性参与的负担。

卡：有性生殖并不是唯一的繁殖方式，但无论如何它现在都占据着主导地位。为什么进化朝着更有利于有性繁殖的物种的方向发展呢？

帕：为了让物种更好地适应环境的重大变化，比如食物的消失、气候变化和寄生虫袭击等。当然，无性繁殖有利于个体数量的增加，但面对环境的变化，有利突变的出现是随机且需要很长时间的。而有性繁殖可以让突变变得确定并且更快扩散。

爱的风险

卡：作为生命引擎的性，还有利于维系伴侣之间的社会关系？

帕：当然。有性生殖提高了雄性的参与度。

卡：交配要求动物互相靠近并交换配子，即生殖细胞。

帕：是的。阴茎的产生是为了适应陆地环境，防止配子变得干燥。精子非常脆弱，能否存活完全取决于温度。所以，睾丸需要暴露在空气中而不是被保护在体内。同样地，阴茎插入阴道内进行受精是为了确保精子可以更好地存活。

卡：对于那些没有阴茎的物种呢？

帕：策略是多样的。它们会将精液随意洒在地上、树枝上、草地上或水中。例如，雌性水母从来不会和雄性水母见面。雌性水母将卵子留在水里，卵子会释放出一种吸引精子的外激素。

卡：为了实现交配，必须形成一对。为了实现结合，因此发明了一系列的求偶炫耀行为？

帕：有多少动物物种，就有多少不同的诱惑技巧和手段。鸟类里面的雄性燕鸥会送雌性食物来求爱，而雌性会选择无视或接受雄性的食物。对于许多鸟类来说，叫声旋律的复杂性很重要。雄鸟歌声越婉转动听，越有可能诱惑成功。澳大利亚的琴鸟能够在叫声中融入并模仿附近的十几种鸟叫声。新几内亚的园丁鸟是极乐鸟的近亲，会为雌鸟挑选蜗牛壳、羽毛、浆果和琥珀色的树脂片。刺鱼则致力于精彩的求爱表演。

伴侣的故事

卡：归根结底，大多数物种的雄性必须表明，相比竞争对手，它们能够提供更多的东西？

帕：确实如此，但在很多情况下求爱并不重要。例如，北美洲的雌性红背蝾螈通过判断雄性的粪便质量做出选择。它们会更倾向于粪便中含有白蚁的雄性，因为相比蚂蚁，白蚁更难以获取，营养也更好。所以有人认为，雌性红背蝾螈通过这种方式确保传给后代的遗传基因来自一个强壮又聪明的雄性。但这种解释在我看来有点儿勉强。其实一切都离不开性选择。

卡：又是一个选择的故事！

帕：是的，这种选择包括三个部分。首先是雄性之间的竞争。越想获得与雌性的接触，雄性就越强壮，越具有威慑手段，比如雄鹿的鹿角、狒狒的尖牙……所以，雄性发展出与雌性截然不同的特征。这被称为"两性异形"。第二个部分涉及雌性的选择。对此，我们能想到求爱炫耀行为、鸣叫以及雄性的各种引诱手段。

卡：雌性总是选择斗争的赢家？

帕：不一定。有时候，雌性会介入战斗，例如某些鸭子或猴子。最后涉及睾丸的相对大小：接触雌性的机会越多，并且雌性的数量越多，雄性越会显示出大的睾丸，以便每次交配能释放出更多的精子，从而保证更好的繁殖机会。

卡：雌性令雄性见识了成为战士需要经历的考验！

帕：这些考验能揭示雄性的繁殖力。如果雌性要求太高，雄性可能会不顾规则达成目的。比如千足虫会利用蛮力进行交配，南美洲的沙漠大黄蜂会与刚孵出的雌性交配，还有形似蜘蛛的避日目会将雌性击倒在地，然后将装满精子的精包插入其体内！为了确保后代的延续，一些昆虫和蛇甚至在交配后在其伴侣身上留下一种特殊物质，使其对其他追求者彻底失去吸引力。

卡：真够绝！

帕：但非常有效。

卡：所以，交配不能被简单认为是一种单纯的乐趣。

帕：正如我们所看到的，雄性必须花费过多精力引诱雌性。不仅如此，它还必须小心，以免精疲力竭而死。例如蜻蜓和蝗虫，必须紧紧依附在伴侣身上好几天。它还必须躲避对手的攻击或雌性的吞食。我们都知道雄性螳螂的悲剧，它会在交配之后甚至在交配期间被雌性吞噬。至于雄性络新妇蜘蛛在雌性的蛛网上前进时，必须同时发出合适的振动；有时，它还会被当作猎物吃掉。雌性萤火虫还会模仿别的萤火虫的光信号来吸引和吃掉雄性……雄性的生殖参与也并不总是以受精结束。雄性负子蟾蜍会携带和照顾受精卵，雄性海马也是如此，会在受精卵发育成形后从腹囊中将它释放到海里。信天翁、鸵鸟、无翼鸟和企鹅都是由雄性负责孵化；雄性斗鱼会筑巢并保护鱼苗……

卡：在这段时间里，母亲们在做什么呢？

帕：它们照常生活，在其他地方继续交配，以确保物种延续。

卡：由父亲来教育下一代？

帕：从出生开始，都由父亲负责喂养和教育孩子。

卡：这几个例子显示了不同群体间"雄性现状"的不平等。

帕：确实如此。雄性昆虫只提供了精子，被吞噬的雄性昆虫好歹还参与到了下一代的喂养中。一些雄性鱼类仅仅是精子的储存库。脊椎动物则相反，例如雄性鸟类和哺乳动物还扮演着其他角色。

单身父亲

卡：进化越高级的哺乳动物的下一代和雌性之间的联系就越紧密吗？

帕：神经系统越复杂，对下一代的关注就越多。章鱼对后代的照顾甚至可以达到身体的极限。在鸟类中，一只鸟负责孵卵，而另外一只需在外面觅食。正是出于这个原因，"一夫一妻"制在鸟类中如此普遍。雄性的亲代投资是下一代生存的必要条件。

卡：哺乳动物的情况呢？

帕：哺乳动物漫长的妊娠期和出生时幼崽的依赖性加强了后代与雌性的联系。一般来说，雌性非常善于养育后代，无论是群居动物还是像熊一样的独居动物。雄性的参与度则要少很多。仅有5%的哺乳动物采用"一夫一妻"制。事实上，雌性哺乳动物不产蛋，使得雄性从协助抚养的义务中解脱出来。雄性经常担任保护者的角色。雌性和雄性的相互协助合作在所有个体息息相关的群体中也存在。鲸、海豚和狼就是这种情况。

卡："一夫一妻"制在灵长类动物中不是一种共识吗？

帕：对17%的物种来说是的。只要雌性与雄性保持密切关系，雄性就会与下一代建立关系，并做出亲代投资。也就是说，在灵长类动物中也存在所有我们可以想象到的社会关系。

卡：在缺乏亲代投资的情况下，交配只是让精子与卵子相遇了，也就是到了发情期。

帕：是的。对于绝大多数动物来说，交配只发生在雌性有繁殖力的期间。性唤起取决于嗅觉或听觉刺激。例如，大象的繁殖期为4年1次，每次仅持续6天，母象会发射最远可传播到 800 千米外的次声波通知公象。

卡：是否存在不依赖发情周期的动物物种？

帕：对于大多数猴子来说，主要是性行为接近人类的猴子，这种周期并不存在。但同样地，人类和猴子的性唤起会被视觉刺激影响。黑猩猩会因为看到一张雌性黑猩猩发情期时的外阴照片而兴奋得发狂。

"弱势"性别

卡：不同种类的猴子是否具有不同的交配制度呢？

帕：是的，这会根据每个物种的社会结构而变化。长臂猿及生活在南美洲的猴子（如狨猴、柽柳猴）是"一夫一妻"制。雄性红毛猩猩则是坚定的独身主义者，大部分时间都是独自生活，只会为了交配去见雌性。蓑狒按照"后宫"模式运作：一个占据主导地位的雄性会与多个雌性交配，通常是 1 至 7 个。而雄性猕猴和雌性猕猴都会与多个对象交配。

卡：在有多个公猴的群体中，母猴是否会与公猴在交配期以外维持联系？

帕：当然。这种关系甚至可以发展成真诚的友谊！

卡："后宫"制度下的母猴能够毫无怨言地接受只有一个雄性？

帕：它们给人的印象确实如此。但有趣的是，母猴会利用在它们群体周围出现的单身公猴。这些雄性会走来走去，通过游戏和礼物引诱雌性。这是一个非常漫长的过程，但最终有利可图，因为雌性会背着统治者与这些单身雄性交配。亲子鉴定的结果是，其中只有一半幼崽是雄性统治者的后代。当事者却始终不知情！

卡：简而言之，母猴还是会做点儿自己想做的。

帕：在任何类型的社会关系中，无论是母系社会还是后宫制度，雌性并不是一味顺从雄性，它们会选择、邀请性伴侣，并且深谙此道。母狒狒可以让雄性不停献殷勤。雌性黑猩猩知道如何提升自己的魅力。雌性猕猴会与多个雄性交配，据说它们是希望让雄性相信自己是未来后代的父亲，并由此给予后代照顾。这些动物的性自由和性宽容让我们感到惊讶。

卡：听了您的话，好像交配并非只有繁殖这唯一的功能。

帕：是的。性是社会生活的重要元素，能加强群体成员之间的关系，缓和冲突。对于大多数的猴子，无论雌性是否在发情期，它们一年中都在交配。倭黑猩猩在交配时彼此面对面，并采用各种姿势。性是社会调节的一个重要因素。这样看来，在分离性的生殖功能与社会功能这一点上，猴子甚至比人类走得更远。

动物兄弟

卡：那么动物的交配和人类的性行为之间是否存在根本性的差别呢？

帕：在寻求乐趣，加强社会纽带，分泌激素产生性冲动这些方面，人类与动物都是相同的。但人类的性行为受到心理、想象和文化层面，以及个人经历、环境等因素更多的影响。人是文化的产物。我们有心理表征，有禁忌。但在这个领域，倭黑猩猩以并不那么兽性的爱颠覆了我们的认知。

卡：所以人类比我们想象中更接近猿类？

帕：尽管遗传密码的研究始于"二战"后，但直到 20 世纪 70 年代末，我们对猿类和人类的 DNA（作为生物遗传物质的染色体的组成成分）之间的异同点才有了深入认识。今天，我们知道人类与黑猩猩约有 98.4% 的基因相同，和大猩猩约有 97.7% 的基因相同。这种近似值意味着两个物种存在共同的祖先，这个祖先将其 99% 的遗传基因留给了每个后代。这些比较研究表明，人类和黑猩猩同属人科，其中也包括大猩猩和红毛猩猩。所有这些物种，包括人类，都来自一个共同的原始祖先。

卡：因此，从灵长类动物、人科动物到人类，进化一直在延续。所以想要找到这个人类进化史上著名的"缺失的一环"[①]是合理的吗？

帕："缺失的一环"只是猜测，并不存在。灵长类动物与其他哺乳动物的分化大概发生在 5500 万年前。目前所有猿类的

[①] 根据达尔文进化论的观点，我们的祖先是由猿类逐渐进化而来的。从古生物学上看，在人类进化过程中，从 800 万年前到 300 万年前，没有找到任何有关人类起源的过渡性生物的化石，这就给传统的人类起源理论留下了疑团。这就是著名的"缺失的一环"。也有学者认为，人类进化史上"缺失的一环"纯属无稽之谈。——译者注

祖先大约出现在 3500 万年前。在中新世早期出现了两个不同的群体：猴科（也就是有尾猴）和猿科。当时猿在非洲森林占主导地位，也是在这个群体中产生了人类和类人猿的共同祖先。之后，人科动物出现在 1400 万年前到 1000 万年前。

卡：150 年前，这个"共同祖先"的想法震惊了公众。

帕：这就解释了进化论为何如此难以令人信服。事实上，人与猿的分化可能进行了大量进化尝试，比我们想象的更为复杂。不出所料，从化石数据看，类人猿大体都是杂食性的双足动物，生活在 500 万年前到 100 万年前的非洲森林周围。

卡：已知最古老的灵长类动物是什么样的？

帕：第三纪的第一个世（古新世）回到了炎热潮湿的气候。开花结果的植物遍布覆盖所有大陆的广阔森林。鸟类和哺乳动物迎来了机遇。哺乳动物中出现了一个适应树林生活的大群体——统兽总目，其中包括灵长类动物。我们是树木、水果和鲜花的孩子。最古老的灵长类动物是摩洛哥的阿特拉斯猴，可以追溯到大约 5000 万年前。那是一种小于 200 克的小型食虫动物，类似于现在东南亚的树鼩类动物。很快，它们拥有了指甲，体型变大，并能灵巧地在树枝间穿梭。

卡：现代猴子是什么时候出现的？

帕：大约在 3500 万年前的热带地区。此前，气候剧变，寒冷消灭了北半球的灵长类动物。这就是"大裂变"，一次以全球气温骤降为标志的生物大灭绝事件。早期哺乳动物消失，被其他生物后代取代。很快地，这些后代变得多样化。猴子将占据所有生态位，开始群居生活，这使得它们能够更好地保护自己免受敌人的侵害。树栖的生活方式逐渐使它们形成了可抓握的双手以及对生拇指，非常利于攀爬、采摘水果和抓取昆虫。

卡：猴子的种类还会变得更多样吗？

帕：在中新世（2400 万年前至 500 万年前）出现了无尾猿（如黑猩猩、大猩猩、红毛猩猩）的祖先。最古老的类人猿化石是在肯尼亚北部的原康修尔猿，出现在距今 2500 万年到 2000 万年。它们是没有尾巴的四足动物，生活在其他类人猿中间。在接下来的 1000 万年中，非洲类人猿的行踪消失了。我们并不知道人类与类人猿最后的共同祖先，只知道黑猩猩和现代人类的分离发生在大约 700 万年前。

从一根树枝跳到另一根树枝

卡：动物可抓握的"手"的使用和发展是否与智力和意识的发展有关，并最终促成了向人类的进化呢？

帕：事实上，所有灵长类动物都有分离的大拇指和大脚趾。但是，有些猴子（如疣猴）的拇指退化了，而许多物种（如黑猩猩、狮尾狒狒、人类）的拇指则变得可以与其他手指对合。不过除人类以外，其他物种的拇指只能与另外一根手指对合。这种变化来自稳稳抓住树枝的需要，尤其对于大型灵长类动物来说。

卡：长有指甲的、可抓握的"手"是主要的变化吗？

帕：是。但同时，在树上生活的需要使比嗅觉更重要的视觉也变得更加发达。它们的口鼻部逐渐变扁平，眼睛前移，产生立体视觉，颅骨也变得更大。

卡：但是一个大脑又有什么用呢？

帕：研究表明，生活在较大社群中的猴子的大脑更加发达。事实上，一切都有联系。大脑的发展需要一段很长的孕育期。其实所有的生命都需要足够长的时间。这样就能留出足够的时间学习如何在复杂的社会和自然环境中生存。同时，还需要高质量的饮食结构（食果或杂食）。但由于这些资源是分散的，为了获取资源就必须充分了解资源在时间和空间上的分配。这就要求社群中存在社会机制，以及沟通和认知系统。为了处理所有这些信息，就需要一个大脑了。

卡：从头说到脚。我们常认为两足行走诞生于大草原。为什么呢？

帕：这是自 20 世纪 80 年代以来被普遍接受的理论。根据这一理论，重大的地质运动导致从现今的埃塞俄比亚到南部的马拉维湖之间，出现了一道大裂谷。在裂谷的西面，雨林继续庇护大猩猩和黑猩猩的祖先；而在东面，新生的大草原使灵长类动物开始双足行走。我不认同这一观点。我认为两足行走诞生于森林中。

卡：怎么说？

帕：近 1500 万年来，我们的祖先类人猿一直都悬挂在树上。长期以来，我们其实已经习惯了垂直的身体。

卡：这与两足行走有什么关系呢？

帕：目前最擅长两足行走的类人猿是长臂猿和倭黑猩猩这两种林栖动物。倭黑猩猩通过两足行走带着幼崽或食物移动，进行威胁、蹚水、诱惑，等等。从出土的化石来看，作为初期原始人类代表的南方古猿都用两足行走，还有 900 万年前的其他类人猿，例如黑猩猩的推定祖先始祖地猿。两足行走产自树上，是悬挂的身体着陆后的产物。

其中一只猴子

卡：500万年前，南方古猿出现了，其中包括1974年在东非大裂谷发现的著名的露西。这是一个动物还是一个女人？

帕：两者都不是，它属于同时生活在树林里和草原上的另一个类别。这也是关于人类定义的疑问所在。人是一种能意识到自己特殊天性的动物。露西当然像黑猩猩一样有自我意识。我们缺少这个时期的化石，但可以给这个最后的共同祖先画一幅肖像。

卡：怎么画？

帕：为了画出肖像，需要归纳黑猩猩、倭黑猩猩和初期人类的所有共同点。它应该是中等身材，重30到40千克，高约1米，有一颗与猴类相比更加发达的大脑，长着一口不太突出的尖牙，具有杂食的食性，生活在由30多个雄性和雌性组成的群体中。

卡：它有思维吗？

帕：我们对此一无所知。在露西的大脑里，参与思维联想活动的顶叶区较发达。正是由这个区域处理使用工具和逻辑思考的一系列行为。露西大脑的体积没有变大，但构成有所不同。比较心理学，特别是社会行为方面的实验研究表明，黑猩猩具有同理心、同情心和善恶观。它们能意识到自己在镜子里的形象以及自己展示给别人的形象，并对此做出反应。这就意味着它们可能懂得友谊、敌意、阴谋、背叛、谎言和笑容。至于露西，它的大脑与黑猩猩的大脑体积相同，却呈现出一个更"人性"的结构。这两年我们才知道黑猩猩的大脑中有一个布洛卡区。

卡：这个区有什么作用？

帕：这是一个位于人类和猴子大脑左半球的语言区。令人着迷的是，黑猩猩拥有的脑部结构能够允许它具备一种与语言类似的交流方式。所以，我们能更好理解为什么当一些黑猩猩处于学习情境中时能比较容易地理解和学习人类的象征性语言。这是自 20 世纪 60 年代以来实验室的重点研究内容。

卡：只顾着关注南方古猿，我们甚至可能会忘了黑猩猩的存在。

帕：是的。直到 20 世纪 60 年代，多亏了路易斯·利基和他的一位著名学生珍妮·古道尔，是他们使对黑猩猩的行为和习性的研究开始发展。通过对黑猩猩的观察，我们发现它们与人类有许多相似的行为，例如模仿，撒谎，理解别人的感受，隐藏或表达自己的意图，教育，和解，使用工具，传授技能等。之所以存在这些相似之处，正是因为我们来自同一个祖先。对黑猩猩的研究有助于我们重新思考人类在自然界中的位置。

卡：一旦人类占得上风，必将对动物采取行动。

帕：自现代人类诞生以来，地球上大约存在过 1 亿个物种。正如我们所见，由于气候和地质的变化，许多物种已经消失。新石器时代前的最后一次冰川期并非与地球在运行轨道上的位置改变有关，而是因为洋流的变化。结果是灾难性的：北美洲和其他地方的主要陆生哺乳动物都灭绝了。

动物神灵

卡：早期的人类与此灭绝事件无关吗？

帕：旧石器时代的人类狩猎活动并不是动物灭绝的决定性因素。尽管在冰川时期，人类的狩猎严重危害了一些脊椎动物的生存，如披毛犀或猛犸象。猛犸象是食草哺乳动物，被归入象科，肩高 3 米，门齿长 5 米，生活在欧洲和北美洲。我们有幸已经发现了许多猛犸象的遗体，首次发现是在 1799 年的西伯利亚。正是在那时，在自然主义者居维叶的推进下，古生物学，即研究灭绝生物的科学，诞生了。此外，也正是他在 1796 年证明了一些已灭绝物种的存在，并猜想了这些动物群的更新及演变。1999 年，在西伯利亚发现了另一个猛犸象标本。最后一批猛犸象消失在 5000 年前。

卡：人类的行为足以对猛犸象的数量造成重大影响并导致它的灭绝吗？

帕：并不会。尽管人类社会中存在货真价实的猛犸文明，人们用它的骨头作为燃料、工具，以及建筑房屋和制作雕塑或乐器的材料。这些动物的栖息地不断缩小，直到仅限于西伯利亚东北部。然后，它们的数量减少，最终走向灭绝。隔离在孤岛上的猛犸象经历了最后一次突变，身形变得矮小。到了矮猛犸象，就到最后了。

卡：人类从猎物变成了猎人。通过捕猎、食用动物，最早的人类（即能人）很早就发展了食肉的饮食制度。他们会分享自己的战利品，是这样的吗？

帕：是的。这种分享行为也存在于黑猩猩中，能加强社会纽带的维系。人类成为大型猎物的超级捕食者，能够适应各种环境。事实上，如果说所有灵长类动物都生活在热带地区，那是因为它们的食物都来自树上。只有在热带地区，树木才能全年提供水果和树叶。人类变成狩猎者就可以获得一年四季无处不在的唯一食物——肉。

卡：人类还将动物用于其他目的，比如将它们画在洞穴的岩壁上。这是为什么呢？

帕：这些壁画表明，那个时代的人类对于他们生活的地方有着深刻的了解。他们为什么要画动物？目前存在多种观点：神秘的宗教性的文化表达；从纯粹的艺术角度表现生活；或者是为了生存对自然观察的结果。即使与今天的传统社会有相似之处，我们也很难想象那个时代人类的思维方式。而在同一时期的不同地方，人类展示出了表现世界的不同风格和形式。

卡：比如说？

帕：肖维岩洞和拉斯科洞穴里的人都是克罗马农人。他们生活在相同的环境中，周围是同样的动物。3.1 万年前，肖维岩洞的艺术家画了许多危险的动物：犀牛、猛犸象、狮子、熊，而很少有食草动物。1.7万年前的拉斯科洞穴里的壁画主要是马、野牛和原牛，危险的动物比较罕见，而且只出现在岩石的憩室里。因此，这些和我们一样属于智人的狩猎采集者却采用了两种不同的表现方式。同一个时期，早期大洋洲人和美洲人（古印第安人）的岩画艺术差异也很大。旧石器时代的信仰以一种马赛克式的形式呈现在我们面前，令我们惊叹不已，而且呈现在我们面前的还只是一小部分。

卡：今天，在某些群体中，猎人和猎物之间建立的关系仍然很重要。狩猎本身并不总是一种暴力的行为，只要猎人保证只取所需并请求动物神灵的宽恕。

帕：是的，当前文化中的二元论分离了人类和自然。但在这些传统的狩猎采集社会中并不存在二元论。对他们来说，人与动物的区别只是程度问题，不是本质问题。动物完全参与了他们的社会。

卡：在当前的思想体系中，人类与动物的分离是什么时候产生的？

帕：在新石器时代，通过驯养动植物，人类把自然归为己有。人类的生存越来越依赖于自身的生产，导致人类处于一种付出的劳动并不总能获得回报的隶属状态。慷慨的自然时代已经过去，人类被驱逐出失落的天堂。于是人类发明了献祭。这是人类与神之间达成的契约，却改变了动物的生存境况。

第二章
驯化的革命

Deuxième Partie
LA RÉVOLUTION
DOMESTIQUE

第一节

被驯养的动物

人类成为猎人，分享猎杀来的动物肉，不仅因此获得了主宰自然和生命的权力，还创造了社会关系。驯化动物，为人类文明的发展和转型提供了新的机会，也使人类摆脱了对自然的极度依赖和以往一直服从于原始自然界的命运。

狼狗之间

卡琳－卢·马蒂尼翁（以下简称"卡"）：我们的祖先以狩猎采集为生，他们就这样定居下来，创建村庄、城市。发生在新石器时代的动物驯化使人类物种兴起，并不可避免地颠覆了某些动物物种的进化过程。那么这个过程是怎样发生的呢？

让－皮埃尔·迪加尔（以下简称"让"）：甚至在新石器时代之前，以狩猎采集为生的人类就进行了最初的驯化，他们驯化了狗的祖先——狼。对狼的驯化可以追溯到旧石器时代末期，大约在公元前 1.2 万年的北极周边地区，以及公元前 1 万年到公元前 8000 年的中东和北欧地区。因此，对狼的驯化要比其他动物早几千年。而对其他动物的驯化是定居在村庄里的农民的作品。

卡：狼是如何演变来的？

让：灰狼出现在大约 200 万年前，比我们今天熟悉的狼的体型要小。它最早的祖先可以追溯到细齿兽，生活在 5400 万年前到 3800 万年前的北美洲地区。细齿兽原本是树栖动物，后来逐渐适应了陆地，并在大约 1000 万年前演化成了灰狼。

卡：人类出于何种原因驯化了狼？是生存所需吗？

让：也许人类也不知道为什么驯化了狼。驯化这个设想是在人与狼数千年比邻而居的过程中形成的。从 70 万年前开始，在欧洲各个地区的人类聚居地都发现了狼骨。这一发现本身并不特别，因为人类和狼生活在同一地区，食用共同的猎物，有时还不得不互相攻击。人们在乌克兰一处约两万年前的人类遗址上发现了大量狼骨。这一发现表明，居住在那里的居民很可能用狼的皮毛制作衣服。然而，人类不太可能有食用这种动物的习惯，因为人们一直认为狼肉不适于食用。

卡：所以仅仅是人类和狼的邻里关系加强了两者的联系？

让：人类以食草动物为食，因此要跟随食草动物的迁徙路线，狼也是如此。我们不难想象，人类观察到狼的狩猎技术以后，就一直蹲守在狼追逐猎物的路径上。对狼来说，它们之所以靠近人类营地，是为了获取人类的食物残余。后来在某一时刻，人类收养了死去的成年狼的幼崽。这一行为也许是出于好奇，也许是为了实现拥有一个小动物的想法。

卡：然后呢？

让：可能由女人来抚养小狼崽，用嚼碎的食物喂养它们，有时甚至给它们喂奶。但我们对这一猜想没有绝对的把握。

卡：那是什么让您产生了这样的猜想？

让：我们在今天的社会中仍然可以看到女性哺乳小动物这种方式，猎人把被杀的野生动物幼崽带回村庄，通常都由女人负责哺乳这些小动物。在西伯利亚、亚马孙地区、大洋洲、塔斯马尼亚岛、非洲以及欧洲部分地区，通常会看到女性用母乳喂养带在身边的野生动物。她们也会喂养小狗、小猪、小猴、小鹿、小羊……

卡：这些小动物与人类的关系接下来会如何发展呢？

让：人和动物之间的关系往往充满温情。这些小动物成为孩子的玩伴，充当"道路清洁工"或寒冷夜晚里的"取暖器"。在 20 世纪的法国，女人们仍让小狗吮吸乳头，以消耗她们过多的乳汁，或相反，促进她们产生更多乳汁。动物有时也可为某些宗教活动服务，例如，日本北海道的阿伊努人就驯养熊进行宗教仪式。

卡：这个仪式是怎么样的？

让：阿伊努妇女会用母乳喂养在很小的年纪就被从母熊身边带走的幼熊。小熊与人类一起生活。节日在每年秋冬季节举行，长到3岁的小熊会被带到村庄里进行游行仪式。游行结束后，人们用箭射伤它，在它发怒时把它杀死，通常会先用两根木柱子把它压住。女人们纷纷起舞，对熊表示敬意，然后为熊哭泣。整个村落的居民都聚集起来，在盛宴中食用熊肉和内脏。阿伊努人认为，熊的灵魂是神灵的使者，死后便能回到更高的世界。

卡：为什么他们在杀死熊之前要让它遭受如此多的痛苦？

让：为了在心理上能更好地接受熊被处死。在献祭之前，西伯利亚人会给熊喂肉，然后再把它杀死，而女人们会为它吟唱葬礼的歌曲。

卡：所以，可以猜想旧石器时代驯化狼的第一步就是驯养刚出生的幼狼？

让：这是第一但不是唯一的一步。幼狼或幼犬生命的最初几周对它们社会关系的形成以及之后与周围环境保持的关系起着决定性的作用。"印随"是一种有效的驯化方式，甚至在幼崽断奶前就通过身体接触和喂养食物的方式给它留下了记忆。人类的介入改变了动物的行为。结果就是产生了依恋。

卡：所以使得两者继续维持一种长期关系成为可能？

让：这种关系是一种可能，也是一种必然。因为对动物的驯养最终走向驯化，就是因为驯化关系是人类与狼在捕猎中形成的伙伴关系的补充。

卡：被收养的狼能成为猎人的助手吗？

让：它们可以非常容易地成为狩猎的帮手，因为野生狼早就已经发挥了这个作用，它们把猎物追赶到埋伏在暗处的猎人身边。那时的气候变化改变了食草动物在平原上的分布，而人类不得不面对跑得更快的猎物。所以，人类制造并改造了更易于操纵的新武器,也有可能利用驯养的狼追踪和捕获猎物。例如，通过对布须曼人的研究发现，有狼帮助的猎人获得的猎物比没有助手的猎人要多 3 倍。

卡：被人类驯养的狼为了获取食物成为人类的附属。那么，狼是怎么进化成狗的？

让：人类履行猎人的职责，把猎杀到的肉分享出去，狼就依赖人类分享的肉类为食。于是，这种动物自己捕猎时所需的感官能力逐渐退化、消失。随着时间的推移，人类的祖先对留在他们身边的狼进行了选择，他们更喜欢擅长狩猎又顺从合群的狼。随着被驯化的狼群的繁殖，随后的几代狼已经失去了原始野生动物的一些品质，朝着狗的方向发展。它们的体型变得更小，轮廓发生改变，口鼻部也缩短了。这被称为"家养性幼态持续"，也就是说，它们成年后仍然保持着幼年时的特征。

巨大的错觉

卡：驯养和驯化之间有很大的区别吗？

让：一种被驯养的动物，也就是人类熟知的动物，不至于受到人类选择的影响。驯化就是动物只在人类控制下生存和繁殖的状态。

卡：按照这个定义，驯化最为完全的动物是狗吗？

让：并不是，而是一种蛾类。更确切地说，是制造蚕丝的家蚕蛾。这是一种完全人工的产物：卵在一定温度下才能孵化；幼虫，即蚕，以人类提供的桑叶为食；而蚕蛾的生命只有几个小时，它们的使命就是繁殖……要是人类有一天不再对天然丝绸感兴趣，这个物种将在几天内消失。

卡：驯化需要时间吗？

让：是的。为了维持驯化的状态，必须得有一个不断更新的过程，否则动物就会回归到原始状态。这个过程包括饲养一种动物，保护它免受恶劣天气、天敌和疾病的危害，喂食及促进或控制繁殖。也就是说，驯化的方式根据物种的特性以及人类的不同用途而有所变化。对于狗或牛这样的家养动物来说，人类的干预是持久的。也有一些半自由驯养的动物，如驯鹿或蜜蜂。还有斗牛和放牧犬，从比利牛斯山脉（大白熊犬）到喜马拉雅山脉（藏獒），驯化都不能抹去这些动物好斗的本能。

卡：所以说野生世界和驯化世界之间的边界其实是模糊的？

让：一边是野生动物物种，另一边是被驯化的物种，这种情况是不存在的。人类曾经在不同时刻，以不同方式对大约200种动物进行了驯化。其中既有野生动物的代表，如鸵鸟、驯鹿和大象，它们中有被驯服的，也有野生的。还有真正被驯化的动物，如狗、牛和家蚕蛾。也就是说，即使被驯化了几千年，狗和牛也可以回归原始状态。我们也能列举出一些人类完全放弃驯化的动物，例如，古埃及的瞪羚和鬣狗，以及中世纪的罗马人用于对抗啮齿动物的小斑獴和游蛇。

卡：所以说，没有任何一种动物物种能被认为已经完成了最终的驯化？

让：不能。家蚕蛾除外！反之也成立，任何野生动物都逃不过被驯化的可能。现在澳大利亚有养殖红袋鼠的农场，南非有饲养伊兰羚羊的牧场，俄罗斯有驯养驼鹿的农场，法国几乎到处都有饲养鳄鱼的养殖地。

清洁工和抢夺者

卡：驯化狼之后不久，新石器时代的人类是否出于实用的目的又驯化了其他物种呢？

让：并不是。驯化动物的理由是在驯化完成后才出现的。目前还不清楚到底是什么让人类产生了驯化动物的动力。家养绵羊的祖先——盘羊并不长羊毛；野生的鸟类不会像今天的母鸡那样规律地产蛋；野生奶牛在哺乳期外也不产奶。人们在驯化牛和马之前，如何能想象出它们将在劳作中发挥如此巨大的作用？

卡：那驯化的动力又是什么呢？

让：是主宰自然的需要，是掌控动物的渴望，是深层的好奇心。

卡：总之，就是一种冲动？

让：一种征服的冲动。

卡：这种"征服的冲动"是单独在一个地方还是同时在几个地方付诸实践的？

让：人们一直认为近东地区，特别是肥沃的新月地区，是驯化的主要发源地之一。后来的考古发现表明，驯化不是孤立的现象，而同时发生在世界许多地区，也包括美洲。人类的迁徙促进了驯化技术的传播，也促使某些物种分散到各个大陆。然而，仍有一些地区在动物驯化方面比其他地区落后，特别是非洲和大洋洲地区。

卡：为什么呢？

让：可能是因为那里的大自然比别处更为慷慨，而且那里的人类对其他资源的需求也不那么迫切。

卡：最早开始驯化时，农业是否已经存在了？

让：对动物的驯化几乎紧随植物之后。似乎这些动物是受饥饿驱使才来到人类身边的。食物的收获和剩余是驯化的主要驱动因素。这些未来的家畜扑向早期的农田，意识到这些粮食或剩饭（对狼或野猪而言）可以让它们付出较少的努力而解除饥饿感。

卡：您的意思是说，抢夺粮食的动物也被驯化了吗？

让：是的。对某些物种比如马来说，这种抢夺还是有益处的。约 70 万年前，第一批真正意义上的马通过当时还是陆地的白令海峡来到亚洲，并从更新世中期开始在欧洲大量繁殖。大约 1 万年前，发生在全新世早期的全球变暖导致北半球许多大型哺乳动物（猛犸象、毛犀牛、大型沼泽鹿）消失，马类也近乎灭绝。我们可以认为，如果马没有遇到人类，没有受到人类的驯化，马就不会幸存下来。对马的驯化起始于公元前 4000 年的乌克兰南部地区。

卡：人类选择捕获动物并饲养它们，而不是选择杀死它们或围住田地？

让：毫无疑问，饲养这些动物对人类更有利，可以在保护自己的同时又从中获利。这是驯化的三大主要流程之一。第一步是原始的狩猎。史前人类为了追捕动物而跟随野兽群迁徙，并对它们进行"选择性"狩猎（优先瞄准残疾动物、落单的雄性动物或老年的雌性动物），从而加深了对动物的认识，发明了"选择"的基本形式。没有这种形式，就没有真正的驯化。驯化的第二步与我们刚才提到的农业的诞生有关，也因为早期的农民需要保护自己的土地免受野生食草动物的入侵。其实从技术上来说，将食草动物赶入围栏圈养它们，要比围住田地以免受它们破坏更容易实现。

卡：这样做还能一箭双雕，既保护了他们的收成，又保证了肉类供给。

让：但这样做也意味着他们必须喂养圈养的动物，所以要么得生产更多的农产品，要么得进行放牧，这就意味着要控制畜群。新石器时代结束时，中东地区的人类就进行了一次决定性选择，一边是以农业为主导的村庄定居生活，另一边是以畜牧为主导的放牧生活。

毛发和羽毛

卡：那驯化的第三步呢？

让：第三步与食草动物有关，比如东非的驴、中亚的马和阿拉伯的单峰骆驼。大约在公元前 3000 年，这些动物被用于出行和运输。得益于它们的帮助，人们的移动更加便捷高效，还可以穿行于干旱地区。放牧渐渐转变为游牧。

卡：人类在旧石器时代晚期驯化了狼之后，对其他物种的驯化是在新石器时代开始的吗？

让：没错。对其他物种的驯化紧随其后。山羊在公元前1万年左右首次被驯化，绵羊约在公元前9000年，猪约在公元前8000年，牛、驴、猫、骆驼和马则在公元前4000年到公元前3000年。

卡：我们知道所有这些动物的起源吗？

让：公元前9000年，牛在东欧和中东的多个地区被驯化，并遍布了美洲以外的世界。它们的原始祖先是曾经生活在欧洲、西亚和北非的原牛（史前人类猎杀和描绘的对象）。最后一头原牛死于1627年的波兰。其他地方的牛科动物，还有比如适合在干旱地区生存的瘤牛，它们在巴基斯坦被驯化，并以杂交的方式被引入非洲；从东南亚到意大利，还有今天仍然活跃在稻田中的水牛；以及生活在中国西藏，覆盖着如羊毛般厚重毛发的牦牛。

卡：那羊呢？

让：羊最有可能起源于小亚细亚的东方盘羊，可能在9000年前的伊朗西部山区被驯化。山羊的祖先是一种今天仍然存在于克里特岛的野山羊。至于猪，则同时在欧洲、亚洲以及北非和大洋洲多地由野猪驯化而来。驴的祖先出现在非洲的埃及南部，更准确地说是在约5000年前的尼罗河谷地区，后来一直传播到了中国。大约3000年前，双峰骆驼在中亚地区被驯化，单峰骆驼在阿拉伯地区被驯化。1000年前，羊驼和美洲驼在南美洲被驯化，直到今天安第斯山脉高地上的人还会取用它们的羊毛，食用它们的肉，并把它们作为运输工具。

卡：多么伟大的事业！那么鸟类呢？

让：最具代表性的鸟类属鸡形目。其中包括原产于印度河流域的公鸡，在6000年前被驯化，并在青铜时代被引入欧洲。因人类的选择产生了各种各样的母鸡和公鸡，包括斗鸡、蛋鸡、肉鸡，以及观赏用的矮脚鸡。火鸡来自墨西哥，在公元前5000年被驯化；野鸡来自东南亚；孔雀来自印度；非洲珍珠鸡由罗马人从阿尔及利亚引入欧洲。埃及人驯化了鹅，他们填喂鹅的主要目的是食用它们的肝脏。从公元前1000年开始，波斯和埃及就把鸽子当作信使，鸽子的驯化可能同时发生在欧洲和亚洲。

最后要说明，除了欧亚鸭，巴巴里番鸭也原产于中美洲，尽管从它的名字上看不出这一点。

外　形

卡：那个时候的这些动物都与我们今天所了解的差不多吗？

让：不。它们的被毛、羽毛、体型甚至生理和行为肯定都发生了变化。例如，野生的绵羊、山羊和安哥拉兔都没有被毛；猪原本是黑色且多毛的，家猪在 18 世纪变成粉色是因为染上白化病的猪被人类选择了；带花斑的皮毛在自然界中属于隐性性状，但驯化使其显露并保存了下来……动物的骨架也由于选择发生了改变。人类倾向于增大一些实用型动物的体型，而减小其他如陪伴型和观赏型动物的体型。比如，早期的驯化导致中等体型的牛显著减少了。在新石器时代，牛的肩高为 1.25 米，重 200千克，而高卢时期的牛肩高只有 90 厘米；到了 4 世纪和 5 世纪，牛又重新达到 1.3 米；在中世纪经历了一次下降后，牛的身高和体重再攀新高，最终在 19 世纪末达到 1.4 米，体重达 700 千克。今天，牛的肩高为 1.45 米，重 800 千克。

卡：我们是如何准确地了解到这些的呢？

让：多亏考古发掘和测定化石年代的物理化学方法的精确度在不断提高。我们还在各种文明中找到了人类留下的证据：楔形文字片，商人、领主和农民的账本，租赁、买卖土地的合同，公证清单，从古至今的动物学专论……

卡："驯化"这个词是怎么来的？

让：在古闪米特语中，该词与动物毫无关联。动物有时被形容为"亲近人的"，有时被形容为"顺从的"。在古印欧语中，牲畜被称为"peku"，意为财富，来自拉丁语"pecunia"。至于用来描述动物的法语形容词"驯化的（domestique）"，则来源于拉丁语"domesticus"，其字面意思为"房子里的"，直到 14 世纪才出现。

卡：什么是理想的家养动物？

让：不要敏捷到能跳出围栏，就像 20 世纪南非的家养驼鹿。也不要像雄鹿那样过于紧张，在围栏里闭门不出，最后死在其中。总之，理想的家养动物必须相对顺从、品性温和、比较合群、服从人类。

卡：这是人类从未驯化猛兽的原因吗？

让：我认为人类曾经尝试过驯化猛兽，虽然没有成功。只有猎豹和猫比较适合被驯化。

卡：猎豹吗？

让：猎豹像大多数狗一样平静、温和，也属于可协助狩猎的动物类型。它的奔跑速度为每小时 75 千米至每小时 90 千米，最快可达每小时 110 千米。此类驯化的重点在于通过限制人类的印随作用保持动物狩猎的天性。因此，人类会从大自然中抓来幼崽。这种方法同样适用于中亚地区狩猎时仍然使用的老鹰以及所有受过训练的猛禽（隼、苍鹰）。早在公元前 4000 年，苏美尔人就驯养了原产于非洲、西亚和中亚的猎豹。稍晚些，猎豹也在埃及、中国、印度和波斯地区被驯养。猎豹被 15 和16 世纪的资产阶级所推崇，并在西方传播。后来，人类为了获取它们的皮毛而大开杀戒，导致猎豹的数量逐渐减少。

卡：被反杀的猎豹？

让：可以这么说。人口的增加和农业种植的扩张导致猎豹从亚洲和非洲的大草原上消失了。现在，它们只幸存于自然保护区内。

斗蟋蟀

卡：您刚刚提到了养蚕……这个想法是谁提出来的呢？

让：桑蚕织成的蚕茧可以产出 800 米至 1700 米长的珍贵丝线。中国在 4500 年前就驯养了家蚕，并在 12 世纪留下了前人关于养蚕的论著。一种以丝织品为主的贸易从中国一直发展到了意大利，途经印度和波斯，著名的"丝绸之路"就是由此而来。事实上，当时有好几个这样的桑蚕养殖地区。养蚕是法国东南部（塞文山脉、普罗旺斯）持续了 3 个世纪的主要活动，直到寄生虫病的出现才结束。此后，合成纤维的出现也阻碍了这个产业的发展。

卡：那么蜜蜂呢？它们是否也是在人类的驱动下才产出了大量蜂蜜的？

让：不是，至少在最开始时不是。追根溯源，蜜蜂的祖先是黄蜂。黄蜂从1亿多年前就开始采集花粉。从新石器时代开始，人类可能是在观察后意识到把野蜂的劳动成果作为食物是有利可图的。

卡：人类是怎么做到的？

让：杀死蜜蜂。

卡：这种做法无异于杀鸡取卵……

让：的确如此。但直到西方在19世纪发明了可移动的蜂箱，这种做法才被取代了。虽然如此，2500年前的古希腊养蜂人好像就知道在不伤害蜜蜂的情况下取出一部分蜂蜜。继续说昆虫，中国人因为喜欢蝉和蟋蟀的叫声而饲养了它们。在唐朝（618年—907年）时，发展出了一种深受民众喜爱的比赛：斗蛐蛐。

卡：真是别出心裁……

让：蟋蟀被作为一种好斗的动物饲养，被锁在金笼或象牙笼中接受相应的训练和喂养，价值不菲。那时出现了大量关于斗蟋蟀的书籍，书中详细描述了大量照料蟋蟀的细节。中国人还养殖了金鱼，最早可追溯到 4500 年前。还有官员专门负责观察变种金鱼（巨型鳍等）。

卡：养殖金鱼不是为了食用吧？

让：不，这是一种观赏鱼，直到今天还是如此。此外，中国养殖鲤鱼很早就与养蚕产生了联系，鱼会以蚕的粪便为食。甚至在公元前 2000 年，中国人就已经知道如何人工孵化鱼卵了。

卡：所以现在的鱼类养殖已经有非常悠久的历史了吗？

让：4000 年前的中东地区最早开始开发鱼塘。古埃及人既有淡水鱼塘，也有灌满海水的鱼塘。古罗马人用轮船从小亚细亚运来鲤鱼，还以饲养海鳝出名，他们有时给海鳝戴上首饰甚至用奴隶肉喂养。古希腊、古罗马时期的牡蛎和蜗牛养殖也是众所周知的。

尊重猎物

卡：看到人类对如此多种多样的动物表现出兴趣，真令人感到惊讶……

让：人类已经在不同程度上驯化了所有可以驯化的物种。事实上，人类已经做了一切尝试和探索，甚至在确定两个物种是否相同之前，就让不同物种进行杂交。例如，骡子就是由驴和马交配产生的。自 10 世纪以来，中亚地区的土耳其人就把单峰驼和双峰驼进行杂交。在中国的西藏，人们把牦牛和犏牛进行杂交。俄罗斯人把牦牛和瘤牛进行杂交。不要忘了，人类甚至还假想牛和马能杂交，连伟大的自然主义者布封也深信不疑！

卡：杂交是为了实际的用途吗？

让：没人能确信。我认为杂交是驯化动物的必然。可能与您的设想不同，人类在驯化方面的各种尝试都不足为奇。这些尝试满足了他们迎接挑战和尝试不可能的强烈需要。因为杂交并不存在于自然界中，他们在此之前甚至都没考虑到实际用途。

卡：然而，并不是所有民族都进行了驯化。

让：有些民族，大多是狩猎采集民族，只会驯养个别动物和猴类、啮齿动物或鸟类。我们可以从他们与动物的关系中找到这个问题的答案。自然和动物是社会建设中不可或缺的组成部分。俾格米人、美洲印第安人、因纽特人、西伯利亚人和澳大利亚原住民都认为动物世界是按照人类世界来设计的，动物被看作应该亲近的亲人和盟友或者应该远离的敌人。

卡：他们十分尊重猎物吗？

让：是的。由于担心再也抓不到猎物，他们有与动物结盟、和解的节日和仪式。他们让女性收养被猎杀动物的幼崽，不食用被驯养的动物，这一点类似同类相食。他们也没有进一步驯化动物的兴趣。

卡：尽管如此，在动物被驯化和饲养的地区，人口数量却大幅上涨。

让：动物的驯化在人类历史长河中至关重要。它促成了早期文明的诞生，也促进了社会分化，经济、政治飞速发展，甚至军事活动的崛起。比如说，亚洲的游牧民族多亏了骑马才能够掌控大片领土。

"逃亡"的动物

卡：难道人类在驯化过程中从未遇到过失望的情况吗？

让：当然有。许多驯化的尝试都不持久。回过头来看，古埃及人无疑是驯化比赛的冠军。他们在新石器时代早期就驯养了猫、瞪羚、羚羊、鬣狗、鹈鹕、鳄鱼……除为了摆脱啮齿动物而驯养的游蛇和小斑獴外，古罗马人还为了鹿奶驯养了鹿。直到17世纪，瑞典人还训练驼鹿当骑兵……直到近代，人类仍没有停止驯化的步伐。19世纪中期和第二次世界大战之间，人类又进行了新的尝试：非洲象、麝牛、非洲水牛、鸵鸟（人们甚至给鸵鸟上鞍）、斑马等。然而，这些驯化大多数已被人类放弃。

卡：为什么？

让：要么是因为这些驯化的结果与之前已经进行的没有什么差别，要么是因为这些驯化进行得太晚，就像机械化之后没有驯化非洲象的必要了。

卡：以上所有情况都表明，是人类首先自愿放弃了继续驯化的想法，这些动物才回归野外的。但是，有没有动物回归野外逃避人类控制的情况？

让：有。我们把这些动物称为"marron"，意思是"逃亡到野外的家畜"。这个词来自南美西班牙语"cimarron"，意思是"逃亡的黑奴"。

卡：逃亡的结果如何？

让：根据地区和时代而有所不同。公元前 7 世纪，科西嘉岛上被人类驯养的羊逃到了野外，这些羊就是盘羊的祖先。但由于受到岛屿的限制，这些盘羊并没有大规模繁殖。自 1492 年开始，西班牙人向美洲引入了许多大型食草动物，如马、牛和其他被驯化的食草动物。这些食草家畜逃到野外，像扬沙一般在整个美洲大陆上蔓延。而美洲在被殖民之前只有 5 种本土物种：骆驼、羊驼、豚鼠、火鸡和巴巴里番鸭。大约在 11 世纪，引入了狗这个物种。

卡：它们是如何扩散开的？

让：有些动物或多或少是为了逃离人类对它们的驯养和控制，有些则是完全被人类自愿释放的。它们回归野外，后来又被印第安人重新驯养。在北美洲也是如此，饲养马改变了印第安人以打猎为主的生活模式，变成了以重新驯化半野马为主的饲养模式。

卡：今天这些野马还存在吗？

让：在美国，大约有 4 万匹野马因"西进运动的活化石"之名而受到法律的保护。美国人每年要花费大约 1700 万美元来补偿它们所造成的损失。除了这些马外，还有驴、绵羊、山羊和大约 100 万只生活在美国东南部三角洲和森林中的野猪。

卡：所以说，如果没有逃亡到野外的牛和马，美国就不会
是今天的样子了？

让：当然。

卡：动物回到野外是一件好事吗？

让：我不知道是否能这样提问。从某种角度来看，动物的
逃亡是一件好事，但它们也彻底改变了美洲的生态系统。18 世
纪被英国殖民的澳大利亚也是如此。在英国人抵达前，澳大利
亚没有任何家养动物。兔、牛、驴、单峰骆驼、马、猪、狗都
被引入澳大利亚，并被不加考虑地丢弃或放养。这些动物大量繁
殖，对原生动植物造成了相当大的破坏。19 世纪下半叶，在引
入澳大利亚的 20 多种动物中，兔子的数量成倍增加，在几十
年后就达到了数千万只。

卡：只有采用极端的方式才能处理这个问题吧？

让：的确如此。1950 年，澳大利亚人最后不得不给兔子接
种黏液瘤病（一种可怕的传染病）来消灭兔子。之后，这种传
染病也蔓延到了其他大陆。英国殖民者家养马的后代——澳大

利亚野马同样大量繁殖，对澳大利亚的植被造成了巨大威胁。而这些植被已经遭受了多年可怕的干旱，还承受着牲畜的巨大压力。

入 侵 者

卡：人类带着动物迁移到新的环境，动物的入侵给生态平衡带来动荡，这种事在人类历史上经常发生吗？

让：是的。以珍珠鸡为例。1508 年，珍珠鸡在被热那亚水手从几内亚运往安的列斯群岛的途中逃脱了，并迅速成为种植园的灾难。另一个生物入侵的典型例子就是海狸鼠，它们正在摧毁普瓦图沼泽地带和其他水生生态系统。（海狸鼠是一种来自美洲的大型半水生啮齿动物，进口和饲养海狸鼠主要是为了得到它们的毛皮。）在第二次世界大战期间，海狸鼠的饲养者们在逃走前打开了笼子，导致海狸鼠大量繁殖，几乎没有天敌可以调节它们的物种数量。它们在几乎所有的潮湿地带扩散，这就是问题所在。

卡：为什么？

让：因为它们是群居动物，会在河岸上挖洞导致陡峭的河岸和堤坝塌陷（如卡马格大坝）。在水生环境中，法国人冒失地从加利福尼亚引入了一种水生动物食肉龟。养鱼爱好者对这种龟赞赏有加，但今天，以湖中的动物为食的这些食肉龟摧毁了湖泊的动物群。六须鲶鱼的情况也一样，那是一种产自中欧和东欧的鱼类，身长 3 至 4 米，为了消灭 19 世纪末入侵欧洲的鲶鱼而被引入了法国。

卡：顺便问一下，为什么称呼这种鱼为六须鲶鱼？

让：因为它们的嘴唇周围有一些类似于胡须的触须，这些触觉器官可以帮助它们探测猎物。

卡：动物的入侵会导致其他物种的灭绝吗？

让：会。1513 年，当葡萄牙人带着山羊登陆树木繁茂的圣赫勒拿岛时，他们从未想象到将要发生的灾难。山羊吃光了所有树苗。由于没有新长出的嫩枝，植被消失了，土壤也被侵蚀，很快变成了沙漠，导致大量物种灭绝。另一个著名的例子就是毛里求斯岛的渡渡鸟。

卡：就是那种看起来像有一双大爪子的鸽子但无法飞翔的大鸟？

让：就是它。渡渡鸟有一个厚厚的钩形喙，一身黑白相间的羽毛。它在 1598 年被荷兰水手发现，由于容易被捕获，所以很快就灭绝了。渡渡鸟灭绝后，大量植物也随之灭绝。因为这些植物只能依靠渡渡鸟食用果实传播种子完成繁殖。

卡：不合时宜地将某种野生物种引入自然界会对动植物生态群产生重要影响吗？

让：当然，就算是有些我们熟悉的物种也会造成这种情况。如今，被弃养的宠物狗在野外成功存活后，有时会聚集在一起攻击其他动物。结果就是，每年有数千只羊被狗群攻击。但又有谁谈论此事呢？我们更关注媒体经常报道的狼对羊群的袭击。

第二节
作为伴侣的动物

在每个时代，人类对动物形成的看法也是动物史的重要部分。时而被捧上天，时而又被摔下地的动物伴侣反映着驯养人的想象世界。

战争游戏

卡：因此，人类驯化动物并不只是为了把动物作为劳动力或食物。

让：实际上，也是为了娱乐。我们看到中国人发明了斗蟋蟀。公鸡既被当作祭品，又被用于比赛。从印度尼西亚到西欧，尤其是在英国、比利时、法国北部和西班牙，极具攻击性的公鸡品种被选为斗鸡。斗鸡已经传播到了安的列斯群岛和美洲。有些人认为这是这些鸟类驯化的起源。

卡：一种类似于古代竞技游戏的娱乐活动？

让：这些动物最初并不是因为这个目的才被选中和被驯化的。它们在很远的地方被人类辛苦抓获后被带回喂养一段时间，然后在人们赞赏和恐惧的注视下在角斗场被宰杀。罗马斗兽场在建成这一天内可能就断送了9000条动物的生命。北非、近东的大象和狮子却也是因为这种传统才得以存在。

卡：动物从作战游戏到参与战场上人类真实的战斗，只有一步之差……

让：在战争中，作为信使、坐骑或武器的动物占据了一个重要的位置。此外，正是古代军事上的迫切需要促使大象重新进入西方。罗马人在与高卢人作战时投入了大象。莫卧儿帝国为其军队持续饲养着数千只大象。这些动物具有明显的作战优势：它们的力量惊人，抵抗力顽强，还能在背上承载一个轿子和弓箭手的重量。大流士、汉尼拔·巴卡等许多军事领袖经常使用这些坐骑，但也牺牲了很多大象。

卡：为什么会牺牲它们？

让：他们都知道这种动物尽管非常强悍，但在恐慌或火和噪声的影响下十分难以控制，所以会在自己的营地中造成许多伤亡。后来，驯象人学会了快速制服它们的方法，就是把刀快速插入大象头部的一个特定点。敌方知道大象会迅速陷入恐慌，就向它们投掷涂有燃烧着的松脂的标枪扎入它们的皮肤，或者向它们放出一批绑着燃烧着的混合物的猪，猪的惨叫声会使大象失控。为了改变这种局面，他们会毫不犹豫地用斧头砍断象腿，用镰刀割断象鼻。

卡：在这种危险的活动中，马比大象更有优势吗？

让：尽管在公元前331年的高加米拉战役中，在阿贝勒斯附近（今伊拉克的埃尔比勒），亚历山大的骑兵战胜了大流士的战象，但马和大象很少在战争中直接对抗。它们的用途不同。骑兵后来被纳入了真正的兵种，而大象在军事中的作用则越来越边缘化。原因很简单，因为骑马更便捷，马有更多用处，而且相比大象，马的饲养和训练更简单迅速。我们知道，历史上的战争已经消耗了大量的马匹。

卡：那么，从古希腊、古罗马时代到"一战"的所有重大战役中，马都一直伴随着人类吗？

让：是的，这是马成为人类最感兴趣的家畜的原因，也是它具有的特殊象征价值所在。

骑　马

卡：我们前面已经知道，马离开 70 万年前的诞生地美洲，通过白令海峡来到了亚洲。那它是如何被驯化的？

让：旧石器时代后的几千年里，人类猎杀野马主要是为了食用。那时的人类是强壮的食马肉者。大约 5500 年前，野马在乌克兰平原上被驯化了，一开始还是出于食用的目的。在公元前 2000 年，人类把马套在了战车前。套在战车上的马后来被引入美索不达米亚地区和整个中东地区。

卡：当时还没有人尝试骑马吗？

让：当然有，但是骑马变成一种常见的活动并被骑兵运用只能追溯到公元前 1000 年。从那时起，人类成了马背上的征服者，语言和文化得以传播，贸易不断发展。蒙古游牧民族发现了新的领土，无论他们走到哪里，马都与之相随。

卡：除了美洲野马和澳大利亚野马（正如我们之前所见，它们是从驯养状态再回到野生状态的马），遇到人类之后，真正的野马就不复存在了吗？

让：亚洲野马是最后的真正的野马，于 19 世纪在乌克兰被农民和驯马者消灭。农民认为野马偷吃农作物，驯马者指责野马是"母马小偷"。最后一匹亚洲野马死于 1880 年。大约在相同的时间和条件下，布尔人（荷兰殖民者）消灭了一个相似品种——南非斑驴。目前唯一幸存的野马是普热瓦利斯基野马，以发现它的俄罗斯军官探险家的名字命名。20 世纪，普热瓦利斯基野马大量死亡，在最后关头被动物园解救。这么看来，动物园并非只有缺点。

卡：人类是如何产生利用马的力量的想法的呢？

让：首先，人类要知道马的力量。可以想象得到这是意外的发现：人竟然被刚刚抓到的一匹马拖着走！然后要知道这种力量是什么和如何使用。换句话说，因为马首先要被套在车上，所以只有农民能发明套马的车。

卡：也就是有耕作和运输作物需求的人？

让：是的，而且是知道轮子的人。轮子是公元前 4 世纪中东的发明，被用于四轮牛车。没有轮子，套车就没意义了。

卡：骑上马背的想法是如何形成的呢？

让：并不能肯定。我们只知道，从 2000 年前套车的出现到骑坐上马变得普及经历了一个世纪。这个时间间隔表明骑上马背不是自发出现的。事实上，从巴比伦的小雕像可以看出，人们最初是骑在马的臀部上的……当然，这一切尝试是在没有马鞍也没有马镫的情况下进行的。马鞍和马镫是在公元后发明的，其传播非常缓慢，这就意味着马其顿王国和罗马帝国的征服都是在"裸马背、没踏板"的情况下完成的。

卡：骑马经历了漫长的发展，已经成为一门艺术了。

让：不能这么说！对于今天的骑士来说非常熟悉的基础技术，例如起坐、腾空和跨越前方障碍，其实是 19 世纪末和 20 世纪初的发明。至于被称为艺术的高等马术，诞生于 16 世纪的意大利，并且很大程度上受到东方轻骑的影响。虽然久负盛名，但高等马术仍主要局限在学院、贵族以及 19 世纪的马戏团中。著名的骑术师弗朗索瓦·博谢将自己定义为"街头卖艺者"。20 世纪，马术终于进入运动领域。

卡：那对于其他数量众多的骑马人士来说，骑马意味着什么呢？

让：骑马是功利性的，有作战、移动、工作、监视和挑选家畜等多种用途。被骑的马首先要吃苦耐劳、勤劳可靠，能够被快速驯服且易于利用。还要讲到驾车的马，因为直到 20 世纪 50 年代初，路上还到处都是马车。马的文化地位的提升与其为人类提供的服务息息相关。

不祥之猫

卡：从多种形式的驯化中可以清楚地看出，人类的发展足迹深受动物的影响。我们不禁开始思考如果没有动物，人类会变成什么样呢？

让：动物对人类的重要性不局限于它们提供的经济或物质服务。它们也是许多文化和意识形态逐渐形成的基础。

卡：怎么说？

让：在许多文明中，神灵都与动物有关，最著名的是古埃及的众神。许多神话认为人类起源于动物世界中，或者像图腾主义一样在人类群体和动物群体之间建立类比关系。我们知道，某些土耳其和蒙古后裔将狼或鹰作为自己的图腾。罗马城的诞生与哺育双生子雷穆斯和罗慕路斯的那只著名的母狼分不开。

卡：最终，所有这些信仰反过来又影响了人类对待动物的方式。

让：在图腾崇拜的社会，图腾动物明显拥有特殊的待遇。一般来说，在每种文化中，人类在自然中所处的位置决定了人类对待动物的态度。在犹太教和基督教文明中，人是按照神的形象被创造出来的，在自然界中占据着主导地位，决定了人类拥有的权利和相应的义务。根据不同的时代和环境，义务意识会胜过权利意识，或者正好相反……

卡：这就解释了为什么同种动物有时会被神化，有时却被唾弃，比如猫。

让：是的。猫是一个很好的例子。猫作为神圣的动物深受古埃及人的喜爱，象征喜悦和生育的巴斯泰托女神长着猫头，猫是人崇拜的对象。在它死后，主人会剃掉自己的眉毛，并对动物尸体进行防腐处理后埋在神圣的坟墓里。

卡：猫是怎么来到欧洲的？

让：大约在 11 世纪，猫从埃及被引进欧洲。一开始，它们与修道士住在一起，因为神父将虎斑猫额头上的 "M" 看作是圣母玛利亚的标记。随着罗马教皇权力的重申和反异教徒斗争的发展，一切都发生了变化。

卡：人们开始认为猫是一种不祥的存在了？

让：猫被怀疑是邪恶的化身，遭受了许多折磨，例如被活活扔进火场。我认为，对待猫的方式的改变与猫的作用的改变有关。大约 4000 年前，猫在埃及被驯化后很晚才进入西欧。其后不久，在 11 世纪，来自亚洲的黑老鼠进入西欧，而猫是黑鼠的主要天敌。为了有效地发挥捕食者的作用，猫就得是名副其实的小猛兽；它与人类保持一定的距离，从人类那里得到的残忍对待多于爱抚或宠溺。猫作为捕鼠者被运上船只，来到世界各地。18 世纪初，伴随着灰鼠或棕鼠（也就是今天的下水道老鼠）的出现，猫的地位发生了新的变化。灰鼠比黑鼠更强壮，更具攻击性，它将黑鼠驱逐到了阁楼里，也与猫对抗。而人们那时更喜欢捕鼠狗，特别是猎狐梗（一种能钻洞捕狐的小狗）。值得注意的是，从这个时候起，猫开始变得无用，但在家庭中作为宠物获得一席之位并开始受到人类的喜爱。

温柔的动物

卡：宠物是近期才出现的吗？

让：我们在这里必须说明某些动物变成宠物的经过。猫较晚才成为宠物，有些动物直到现在才成为宠物。正如前面提及的狼，"伴侣动物"可能源自最初的驯化活动。这种现象在古代就已经出现，特别是古罗马人非常喜欢小型珍奇动物，例如猴子和鹦鹉。许多其他社会中也存在捕猎和驯养小动物的形式。征服者们在南美印第安人中发现了这种现象，并将这种狂热引入了文艺复兴时期的欧洲。正是从这个时期开始，上流社会的女士们对袖珍狗和其他温柔的动物产生了狂热之情。

卡：那下层阶级呢？

让：在19世纪，穷人的宠物是金丝雀。事实上，买卖鸟类的交易已经发展起来了。它们通过经由奥地利和瑞士的复杂路线，由人背着抵达巴黎。

卡：所以，今天我们和养在家里的动物之间的关系，与我们的祖先对宠物的关系之间没有任何区别？

让：规模上有差别。在法国，6000万人口中有4200万只宠物，其中包括820万只猫、780万只狗、620万只鸟、1880万条鱼和130万只啮齿动物。在美国，这个数字更高，达到2.3亿只，而欧盟则是3亿只。澳大利亚、美国、法国、比利时和爱尔兰是人均宠物猫狗数量最多的国家。宠物的热潮与城市的发展和农村的城市化密切相关。

卡：这是唯一的区别吗？

让：不。还有一个质的变化。大多数养宠物的人都是与宠物之间保持着良好关系的人，不会将动物与人混为一谈。我认为，其中存在一个严重的问题，即人类宠爱动物是因为对人类的兴趣减少。可能是当前的社会造就了这种情况，是社会在促进与动物相关的经济市场和失控的商业衍生品的发展。1991年，在欧洲经济共同体国家，宠物相关产品的市场规模达到600亿法郎，在法国则是200亿法郎。许多企业瞄准了赚钱的机会，如狗狗画像工作室、爱犬酒店、宠物成衣生产线等。

卡：这是失控的表现吗？

让：是的。人类将动物拟人化，动物将人视为同类，因此出现了很多歇斯底里的主人和具有攻击性的动物。将动物人化到忘记本质其实是在贬低它们，最终丢失对它们的尊重。我们爱的不是动物原本的样子，因此越是爱它们，就越不能正确看待它们。我们自以为做得很好，其实是在以不恰当的方式对待它们，最后会对它们造成伤害。

卡：新石器时代最早出现的狗已经离我们很远了……

让：人类与狗之间并不总是温情和陪伴的故事。新石器时代很久之后，几乎每个大陆上都有人食用狗肉。德国最后一家狗肉店是在两次世界大战之间消失的。如今，一些东南亚国家的人依然有食用狗肉的习惯。

糟糕的生活

卡：起源于狼的狗发展至今是如何创造出 400 多个品种的？

让：这不是巧合，在对其他动物物种进行驯化之前，人类首先对狗进行了各种尝试。狗的身上呈现出极大的遗传变异性，每代之间选择性的繁殖方式使人们能够对狗的大小、皮毛、性情进行研究，并最终创造出我们今天所知的从迷你贵宾犬到藏獒的所有品种。

卡：每个种类都有具体的功能吗？

让：早在古代就出现了猎兔狗，负责保护城市和牧群的牧羊犬，负责狩猎大型猎物的犬种和战斗犬种。

卡：是这些在战争中使用的狗让人们产生了斗犬的想法吗？

让：不太可能，动物搏斗几乎和驯化一样古老，尽管是在罗马的斗兽场中达到了最大的规模。今天或者在不远的过去，许多国家都偏爱看同一种动物之间的打斗，比如土耳其的骆驼、伊朗北部的公牛、阿富汗的公羊，以及许多地方的狗和公鸡。在 19 世纪的英国和法国，肉铺伙计会定期组织大型犬与牛、驴、野猪和熊之间的战斗。这些"娱乐"不仅吸引了平民，也吸引了上流社会的女士们。19 世纪中期之前，这些活动遭到禁止，但还在暗中继续进行。比特犬是斗兽场战斗犬，是 20 世纪下半叶的最新产物。

卡：英国人作为狂热的动物捍卫者，是不是他们"发明"了这个犬种？

让：这不是一个犬种，而是由英国猎犬和阿根廷牧羊犬经过杂交在美国培育出来的品种。这些狗是作为斗犬的目的而被创造出来的，它们被生产和出口到世界各地，尤其是巴基斯坦，我在那里看到过这些狗与熊对抗。近年来，比特犬在报刊上引发了大量评论。媒体将它们过度妖魔化，同时对许多其他犬种造成的事故视而不见。狗的攻击取决于许多因素,包括遗传倾向、教育不足以及人类的行为。根据不同情况,人类的行为可能被动物视为威胁。我认为,在猛烈抨击比特犬的同时,人们也在把"恶犬"和"问题青年"联系在一起,从而妖魔化这些斗犬的买主所在的贫穷郊区。

卡:但不能否认的是,20世纪90年代初期确实曾经流行过饲养攻击性犬,主要是在郊区。

让:这是事实。我并不是要无视这个现象,而只是指出问题的本质不在于此,而在于我们对动物的看法和使用。那些年轻人被比特犬吸引,是因为他们生活在不安全的社会环境中。他们觉得有必要在他人面前强调对这类犬拥有的权力。

迷你狗

卡：我们说，人类创造的狗的种类之多只能与人类个性之复杂相媲美。有时，训练狗是为了让它服从于人类，但有时，我们又像亲人一样宠爱它。

让：斗犬和口袋狗能够同时存在，是因为它们符合现有的期望，符合社会中某一特定时间里对符号的渴望。人类参与了犬种的杂交和创造，由此探索自身身份和权力的界限。人类致力于塑造完美的动物，并从它身上获得自我满足。动物成为人类的一种象征。

卡：然而，狼和蓬帕杜尔夫人的马耳他犬之间相隔了有一个世界那么远！

让：人类研究染色体中自发产生的基因突变。基因的突变可能会创造出一个与其父母完全不同的后代，例如猎獾犬。这种狗是常见的长腿布鲁诺汝拉猎犬的突变。

卡：所以人类通过繁殖新品种，进行了选择干预？

让：就是这样。将初始的异常品种设定为选择标准，并通过近亲繁殖巩固这一标准，最终获得符合标准的狗。

卡：也就是说？

让：每个犬种都具有许多形态特征，个体必须尽可能接近这些特征。但过于追求某些外形标准也存在一定风险，比如某些品种在骨骼、视觉、免疫、呼吸、心脏等方面的遗传病患病率偏高。另外，头骨小、眼睛大的小型犬经常患有呼吸系统疾病或结膜炎。

卡：为什么人们让狗变得越来越小？

让：随着时间的推移，人类的保护欲导致了宠物的小型化，特别是狗。让成年的动物保持幼犬的大小和外观：平坦的脸，大大的眼睛，圆润的身形，短小的四肢，走起来步态笨拙。所有这些幼态的特性都会激起主人的保护欲。

卡：无论动物是被驯化、被训练，还是被宠爱，从来都不是为了动物的利益……

让：一切考虑的都是主人的利益。

最好和最坏的结果

卡：今天，我们与宠物的关系似乎与过去没有什么根本不同吧？设置了宠物狗体育馆和文化中心的加利福尼亚与古埃及的"狗城"西诺波利斯，它们之间有差别吗？

让：有两个根本的差别。第一个是已经提到过的西方世界的宠物商业化现象。第二个是文化以及"驯养制度"的多样化。举个例子，法国文化重视狗，而在其他文化中，狗被认为是不纯洁的，因为它吃垃圾，喜欢在泥里打滚，乱伦，传播狂犬病……

卡：在欧洲呢？

让：欧洲人一直喜欢狗。然而，不同的狗获得的尊重和对待存在相当大的差别。一方面，男性对猎犬以及女性对宠物狗予以厚爱；另一方面，工作犬（看门狗、牧羊犬）则被严酷对待，要是它们无法再工作，有时甚至会被杀死。

卡：但通常来说，在欧洲，狗享有的地位和自由是其他家养动物从未有的。

让：是的，对狗的喜爱导致 19 世纪犬类大量繁殖。英国在 1796 年以及法国在 1855 年还制定了狗税的法令进行干预。

卡：为什么现代人会继续不顾一切地想要身边环绕着动物呢？

让：这里必须提到多个解释互为补充：对自然的怀念和对生态的重视；对多人口家庭的怀念，人们不再想和以前那样拥有很多孩子，所以想用动物代替孩子；最后，也最重要的是，传统社会关系的衰落、职场关系的脆弱、家庭角色的消失，使现代人越来越重视狗的忠诚或猫的自由。换句话说，当代人最喜欢宠物的一个原因是，宠物就像镜子一样可以照见人类这种对其他生命而言不可或缺又高人一等的形象。这种形象虽然有些变形，却深得人心。

第三节

作为物品的动物

动物的历史与人类的历史齐头并进。但当人类试图操纵动物的进化过程时，事情就开始变糟了……

食用马肉

卡：欧洲人对动物的喜爱并不妨碍他们将动物当作奴役的机器。《圣经》首先就将动物从创世纪中剔除了出去，之后笛卡儿又发出了致命一击。

让：鉴于动物没有可以辩驳的语言，笛卡儿受此启发提出了机械唯物主义观点。实际上，继一神论肯定人类是其他动物的主宰之后，笛卡儿的理论将人类的统治地位推进了一个更高的层次。受笛卡儿的影响，马被当成了一种工具，也成为人们以各种方式奴役马的极为便利的借口。而驯马术则被贵族尤其是年轻贵族看作学习统治人类的极佳方式。

卡：从古典时期的哲学家到动物保护运动，抗议机械唯物主义观点的人也有很多，但到了19世纪，这种动物保护主义的立场才更加鲜明……

让：事实上，这种态度的重大转变是随着法国大革命的浪潮发生的。当时的革命理想呼吁解放被压迫的人类和动物，其中就包括农民、奴隶、家畜等。也是在同一时期，英国哲学家和法学家杰里米·边沁提出了对动物身份问题的新看法："问题不在于动物是否会思考，动物是否会说话，而是在于动物能否感到痛苦。"此后，保护动物的拥护者和反对者之间的论战频频出现。1824年，英国贵族在伦敦创立了第一个动物保护协会，以此表明了立场。而事实上，这项创举体现出的慷慨人性，与其说是出于对动物的同情心（当时英国的上等人根本就不打算取消围猎活动），不如说是那个时代标志性的家长式统治作风导致的结果，即主张"教育人民"并抛弃低俗的娱乐活动，斗兽就在此列。

卡：然后到了1840年，英国维多利亚女王为英国皇家防止虐待动物协会正式正名。这个协会还介入了1862年拿破仑三世时期法兰西公学院和兽医学院实验室进行动物实验的事件……

让：是的。在英国贵族推动下诞生的动物保护活动蔓延了整个欧洲，甚至传到了美国，在知识分子和女权主义者中收获了一批热忱的拥护者。法国第一次出台了惩罚虐待宠物行为的法律，该法律于1850年在波拿巴主义者雅克·沙邦－戴尔马和格拉蒙伯爵的推动下投票通过。同一时期还发起了一场支持食用马肉的大型活动。

卡：为了保护动物而食用马肉，您在开玩笑吗？

让：这可完全不是开玩笑。法国在 1856 年就开始食用马肉了，起因是当时发起了两场运动。一场是"卫生"运动，由伊西多尔·若弗鲁瓦·圣伊莱尔等实证主义学者领导，旨在使人口与日俱增的城市居民提升健康和生活水平；另一场是"保护"运动，由军医兼兽医埃米尔·德克鲁瓦发起，之后由动物保护协会接替，目的是改善街上经常出现的筋疲力尽的马还要受到鞭打虐待的现象。该运动的论点在于，如果想要健康的马肉，以肉店的价格卖出老马，则需要让马在被宰杀之前一直保持良好的状态。在今天的斯堪的纳维亚国家，仍然存在一些动物保护协会不仅宣扬食用马肉，甚至还分发马肉烹调食谱。

卡：马曾经是人类的力量源泉、战争伙伴、劳动工具，而今后可能成为人类的宠物，是这样吗？

让：现在大多数的马都是专业养马人士口中的"圈养马"，被圈养在车库或花园里。这是一种将来会流行的做法。家养马更像是一个缩影，体现了马在西方动物驯养体系中的地位愈加趋向于家畜和宠物的中间地带。今后，人们不再尊重马，而是宠爱马并让它成为自己"生命中的伙伴"。本以为凭借马的平均体型（重 500 千克，马背高 1.6 米）能摆脱宠物的行列，但是，随着法拉贝拉小种马（一种高 50 厘米的"公寓马"）在美国的出现，以及新近发明的马类用品，这种希望已经落空了。

卡：如今，宠物在西方家庭中的地位日渐升高。

让：在冲突不断的 20 世纪 50 年代，人们认为表现出对动物的喜爱是不道德的。然而半个世纪以后，宠物成为影响心理健康的一个因素，不仅在家庭中有了容身之所，更是作为一个正式的家庭成员在家中可以随心所欲。

动物赎罪

卡：有这么一种悖论或者说双重标准：一方面，人类提倡要善待狗猫；而另一方面，人类对被当作食物的动物却表现得冷漠无情。这种令人讨厌的偏心常常会让人感到心里不舒服。

让：没错。这个悖论也是西方动物驯养体系的核心。扪心自问，对宠物倾注如此多的感情归根结底还是带有目的性的，一种赎罪的目的，为了减轻对每年在法国被养大后宰杀食用的10亿多只家畜的负罪感。而我们对它们的命运却无动于衷、漠不关心。

卡：人类会感到一种真实的罪恶感吗？

让：所有宗教都将戒食肉类纳入教条戒律中，以求消除献祭动物带来的负疚感。在以狩猎采集为生的社会中，存在与猎杀的动物进行和解的仪式，因为人们惧怕这些动物会集体逃离人类。因此，人类向生者表示亲善，向死者乞求谅解，会注意只宰杀必需数量的动物，会收养、安抚被宰杀动物的幼崽，等等。

同理，有些西方肉食主义者也因为对某些动物抱有的深刻感情而只允许自己食用其他肉类。区别对待宠物和家禽的观念在西方文明中极为典型，人们把宠物放在心尖儿，而将家禽视作物品，这条鸿沟仍在不断扩大。宠物体型的迷你化和家禽体型的扩大化，在我看来，就更加证实了赎罪的假设。

卡：宰杀动物的画面从我们眼前消失，杀害动物的普遍化和隐蔽性是否也是一种摆脱负罪感或者保持良心的手段呢？

让：不带感情地处理人类与动物的关系，甚至虐待动物使得杀害它们时能下得去手，以此逃避磨人的罪恶感是这个过程的重点。一个世纪以前，还是在市中心，在人们眼前宰杀动物。到了 19 世纪下半叶，屠宰场被迁移至郊区。屠宰业走上了自动化、产业化道路，规模变大，隐蔽性更高。这一转变也不仅仅是出于保障卫生条件和合理安排工作的原因。

卡：人类不再献祭，也不再亲手杀生，从今以后，屠宰场派上了用场。根据人类学家诺埃莉·维亚勒的说法，人类这是在将"牲畜去动物化"，将其同化为植物或无生命的物品吗？

让：完全正确。人类对动物身份的掩盖还体现在肉店陈列架上动物标志的抹除。深加工的肉类菜肴也是为了抹去动物原始的特征。

卡：因为人们想吃的是肉而不是动物？

让：正是这样。再度借用诺埃莉·维亚勒做出的区分，我们乐意做"肉食者"，但不能成为"动物食用者"。

畜牧工业化

卡：畜牧工业化也大大改变了饲养人和牲畜之间的关系。在高山牧场上放羊的牧羊人今后将可能成为濒临消失的"物种"。

让：如今有十分之九的动物是通过工业化生产出来的。通过自动化饲养，只需一个人就能饲养两万只鸡、3000头猪或上百头小牛，定时为80头奶牛挤奶，或者通过卫星远程监控牧场上羊群的动态。结果，农业保险机构指出饲养人在工作中出现意外的比率增加，因为他们已经不再懂得如何掌控动物了。

卡：畜牧工业化的方式是如何形成的呢？

让：人类不断增长的需求要求加大生产力，而科技的进步又使得人类能够解决更多更复杂的问题，在两者共同影响下，畜牧工业化就逐渐形成了。自17世纪起，人们开始生产饲料，耕种牧场，培育表现更好的动物，消灭牲畜中阶段性爆发的疫情。兽医学和畜牧学等新兴学科相继诞生。法国的首批兽医学院分别出现在1762年的里昂和1766年的迈松阿尔福。19世纪的工业大发展带来了农业大发展的黄金时代。

卡：这也是个悖论吗？

让：并不是。因为当时农村人口大量外流，工人数量激增，为了满足工人的需求，出现了大型屠宰场。在 20 世纪下半叶，也就是"农民的终结"和"第二次法国大革命（1968 年—1984 年）"时期，出现了畜牧工业化。为了提高生产力，人们使用机械代替人工挤奶；下蛋母鸡分组饲养，部分鸡舍甚至容纳了 5 万只鸡，产下的鸡蛋也会被自动收集；母猪就如同生小猪仔的机器，两年时间里一直被绑在地上；小牛犊出生 8 天后就离开了母亲，被装进笼子里关上数月。

卡：在人类驯化动物的历史中就从没有出现过这些做法吗？

让：当然有过。为了养肥动物而将动物隔离、捆绑、关进暗无天日的地方就是曾经惯用的方法，区别在于动物饲养技术运用的规模和系统化特征。高强度养殖的压力导致动物出现了生理和行为方面的严重问题。于是人们使用药物治疗动物身体上的残缺，如断喙的鸡、残尾的猪、残角的牛；或使用护眼等器具辅助治疗。这些动物的身体缺陷严重违背畜牧学理论成果，不禁让人怀疑这种饲养动物的方式是否陷入了类似虐待主义的无意识中。家养宠物过度驯化、过度保护、过度重视的对立面是家禽牲畜的缺乏驯养、饱受虐待、脱离社会……尽管如此，新技术带来的也不仅仅是弊端，也有不少裨益，比如在人类健康方面就取得了巨大进展，消灭了一些严重的动物传染病（例如能够传染给人类且传染性极强的口蹄疫）。另外，应该注意到传统饲养方式其实也并不尽如人意，想想那些脏乱的牲畜棚，饮食条件差、身体不健康的动物……

限额和产量

卡：畜牧工业化难道不会因饲养牲畜的单一化导致动物基因的多样性减少，进而引发物种灭绝吗？

让：当然会。这是在自取灭亡，因为保持物种基因多样性是生命在未来长久延续的必要条件。如今，保持牲畜物种多样性已经成为一个现实的问题。全世界每星期都有一个物种灭绝，法国已有两百余种濒危牲畜。但也许未来全世界的畜牧业都要依靠这些濒危的牲畜所携带的传染病抗性、耐性以及遗传基因。

卡：那么问题出在哪里呢？

让：万恶之源是农产品加工业过于唯利是图的风气，这导致了两个恶果：一方面，肉类、羊毛、乳制品加工业中产量不高的牲畜品种被抛弃，包括以前用于劳作的牲畜；另一方面，通过极少数种公畜进行人工授精的做法愈加普遍，导致牲畜里作为生产主力的大品种，比如霍斯坦乳牛和夏罗尔肉牛愈发脆弱。

卡：不同的国家发展畜牧业的方式也不同吗？

让：全球范围内存在多种多样的畜牧业形式，有类似于伊朗的游牧体系，有集中圈养式的畜牧业，还有类似于澳大利亚大平原、北美洲大平原以及阿根廷的潘帕斯草原为了应对稀少的降雨量而采取的现代粗放经营型畜牧业。

卡：所以畜牧业的发展目标也根据物种和文化而大相径庭？

让：没错。比如印度有一种牛是世界第一大牛类，数量多达两亿，相当于每 4 个印度居民就拥有 1 头牛 ①。但由于宗教原

———————————

① 此为根据 20 世纪 90 年代的人口数据测算的。——译者注

因，这种牛在印度被禁止食用，而水牛和瘤牛则用于劳作。经济发展也是影响畜牧业的一大原因。1840 年，受到绵羊生产大国澳大利亚和新西兰的竞争冲击，法国绵羊产出持续走低。

卡：从畜牧业开始发展起，一直都存在通过自然选择和杂交改善基因的做法……

让：是的，这一做法在 17 世纪末迎来了关键性转折，并从 1950 年开始大范围普及，起到了改善生产的作用。通过这种改善方式，人们能够得到更长、更细、更有韧性的羊毛，奶牛的产奶量也有所提升。我们可以对比一下，法国最优质的奶牛霍斯坦乳牛和诺曼底奶牛每头的年产量为 1 万千克牛奶，而非洲的奶牛平均产量甚至低于 1000 千克。总体来说，发达国家的牛奶产量都处于产量过剩状态，以至于欧盟必须制定生产限额来限制乳制品生产商的牛奶产量，达到市场调节的目的。

人化的动物

卡：基因的自然选择和人工授精是一回事，而现在，人类已经能够直接改变动物的遗传基因了。

让：我们称其为"转基因"。人们通过基因继续激发动物的潜力，刺激它们生长，使得它们能够抵抗某些病毒，减少体脂含量。通过基础研究，今后的转基因动物将被用于生产为人类所用的药品，特别是用于治疗由遗传基因引起的疾病。

卡：这是怎么做到的？

让：在动物遗传基因中插入人类基因片段，使其基因型更加接近人类。借助这种方法，还可以研究出与人类免疫系统相容的动物器官并移植入人体。1992 年，英国的一个实验室成功创造了第一头转基因猪。自此以后，上千头含有同一基因型的猪诞生了。预计未来几年拟进行异种移植的 40 万动物每年能够实现 60 亿美元的利润。

卡：一些企业家已经在谋划另一种类型的农场，饲养"人化"的猪、绵羊、山羊，为遭受冲击的畜牧业开辟一条新型商业道路。您怎么看呢？

让：我认为如果这种动物的生产是必需的，则不应该将其置于竞争市场，因为这很可能带来不良后果，比如可以预料到的基因专利。不仅人类将会变得束手束脚，动物的未来也将深受其害。

卡：如果长此以往，人类与动物的分界最终会变得模糊吗？

让：如果发生这种情况，实际上对生物多样性是有损害的。但这一次更令我恐惧的是生物专利现象和其下暗流涌动的资本角力，人类必须密切警惕此类事态发展。如果人类能够更频繁地自问"这个项目会为人类的未来和这个世界带来好处吗？"，而不是更加关心"这个项目能赚多少钱？"，那么很多事情就会彻底不一样了。

卡：人类首先为了满足口腹之欲狩猎动物，之后又开始驯养和驯化动物，将动物的皮肉和力量为己所用。而如今，人类还将主意打到了动物的器官上。归根结底，将动物的生命力量据为己有是人类永恒的梦想。

让：也许吧……只是如今的转基因动物再也没什么好值得向往的了。

第 三 章
交流的时代

Troisième Partie

LE TEMPS DE L'ÉCHANGE

第一节

人类脑海中的动物

　　动物不仅是我们日常生活的陪伴，也是我们的精神载体之一。动物象征了人类的信仰，出现在传说和神话中，是想象世界中必不可少的组成部分。理解动物，能让我们更好地了解自己。

在洞窟深处

卡琳－卢·马蒂尼翁（以下简称"卡"）：从岩壁艺术中的动物画到法国画家席里柯的艺术作品，再到中国书法和埃及浮雕，动物强烈的存在感给人留下了深刻的印象。原来它们一直都在我们的想象世界里占据了如此重要的一席之地。

鲍里斯·西瑞尼克（以下简称"鲍"）：确实如此，从古至今，动物一直滋养着人类的精神世界。

卡：为了更好地了解自己？

鲍：为了更好地理解这个世界和人类的秘密，也为了打造信仰的地基，给宗教、道德和世界一个象征。

卡：马格德林时期^①的人类祖先也是这样想的吗？

鲍：壁画上的动物形象细节丰富、姿态生动，仿佛出自写实派画家之手。这是因为我们的祖先对这些动物印象深刻才能画得如此栩栩如生。与之相反，我们发现人类祖先画他们身边的动物或者画他们自己的时候却是如儿童涂鸦般的简笔画。

卡：为什么儿童更喜欢涂鸦这种形式？

鲍：儿童会把感到不安害怕的东西画得自然写实，而在画亲近的人和物时，反而画得抽象难以理解。我们会将令人感到震惊的东西画得非常精确，也会将具体事物象征化。人类祖先对狩猎的原牛、马、猛犸象等动物印象深刻，而对附近的狼等动物就不会有太深的感触。

---

① 马格德林时期是指欧洲旧石器时代晚期的文明阶段，距今约 1.7 万到 1.15 万年。在这一阶段的艺术作品中，出现了大量的动物。——译者注

卡：就算他们对动物印象深刻，为什么会想要把动物画下来呢？

鲍：我们可以想象一下，在凹凸起伏的岩壁上，动物画在摇曳的火光映衬下仿佛要破壁而出。一种奇妙的感觉油然而生，仿佛这些动物身处岩壁的另一边，它们的力量浮现在石头上。这就如同中世纪的基督教徒笃信穿过彩绘玻璃窗照射进教堂的阳光是上帝现身于世间的浮光掠影。

卡：这些壁画已经具有神学层面的意义了吗？

鲍：我更偏向认为是精神层面。这些动物曾经活着，又在壁画上被重现。这些壁画代表着一些不存在但已经具备形而上意义的东西。艺术的最初形式就是对葬礼和动物的表现，艺术的诞生也是为了对抗面对死亡时的恐慌。石器时代的人类不会抛弃人的遗体，因为他们相信能在夜晚的梦里再与死者相见，也就是在另一个世界。于是，为了让死者在另一个世界过得舒心，他们为死者献上食物、珠宝、羽毛、骨头、兽齿、贝壳项链以及雕成动物形状的投掷器。

第一块石头

卡：动物身上的部件变成了人的物件？

鲍：没错。随着削磨工具的出现，人类开始依靠技术开展活动，对自然和对自身的看法也由此发生了巨大的改变。从那以后，人类和动物之间的关系也出现了变化。

卡：怎样的变化？

鲍：我们猜想那时候的人类已经开始向动物投掷削磨过的石块。然而，大多数动物只会啃咬投掷到它们身上的石块，而不会去咬扔石块的人。

卡：为什么？

鲍：因为动物的空间感知能力与我们不同。猿类会向对它们构成威胁的豹子投掷石块、树枝、树叶，这样做通常足以威慑那些猫科动物。而豹子只会咬着投掷过来的东西撤离现场。

卡：所以，我们的祖先已经开始用投掷石块的方法威慑对他们具有威胁的动物？

鲍：或许人类通过使用这些初级工具以为自己拥有了某种掌控自然的力量，能够从野兽的追捕下逃脱。之后的人类更是学会了狩猎，掌握着生杀大权，也更加强烈地感觉到自己对自然的掌控。

卡：人类在狩猎中猎杀动物，最终掌控了生命？

鲍：完全正确。通过狩猎动物，史前人类战胜了自然。这或许是社会惯例形成和超自然神话诞生的前提。早在人类的冒险之初，肉类就具有极为重要甚至根本性的意义。动物已经具有了分享肉食的习惯。狼按照在狼群中的等级分配食物。在猿群中，分享肉食的猿也能掌握暂时的权力。虽然这只是动物之间的惯例，但这种做法使得围绕一个共同目标（如狩猎或者分享猎物）团结协作的共同生存模式成为可能。继而，一个以掌握生杀大权者为中心的有组织的社会结构就诞生了。

卡：所以从最初开始，动物就对人类社会的形成起到了重要作用？

鲍：动物影响着人类的文明。驯鹿惧怕人类但会被人类的尿液吸引，所以人类容易接近驯鹿又不需要刻意驯养它，由此形成了以居住在帐篷里的游牧生活和适度狩猎为特点的驯鹿文明。奶牛等反刍动物拥有多个胃，行动缓慢，活动范围较为固定，这类动物温驯且易于定居，新石器时代的出现很可能和它们有关。反刍动物促使了定居文明和私有产业的出现，驯鹿则推进了游牧文明和部落团结。

龙与美人鱼

卡：我们刚刚提到了死亡。说到这个，在很多文化中，动物是人类灵魂的引导者吗？

鲍：在每个文明中，不同种类的动物都担任过"引导者"的角色，也就是说这些动物会引导亡灵去往阴间。古埃及神话中胡狼人身的阿努比斯死神便承担这一职责；在阿尔泰人的萨满教习俗中，马负责引导亡魂；古希腊神话中保护亡魂的是狮子；而在中国，白公鸡象征着战胜了死亡的重生；在希腊，蛇代表亡灵转世。类似的例子还有很多，人类的想象力也极为丰富……

卡：甚至想象出了一些完全无视动物学的虚构动物？

鲍：是的。人们在很长一段时间里都相信狮身鹰首鹰翼的怪兽狮鹫的存在。根据历史学家希罗多德的观点，人们认为狮鹫的巢穴是金子做成的。喷火的狮头羊身蛇尾怪兽奇美拉是古希腊神话中的重要角色。人们也相信独角兽的存在，据公元前4世纪的一位古希腊医生所说，独角兽的角磨成粉末能够治愈癫痫。中世纪甚至出现过将猛犸象的牙充当独角兽的角贩卖的情况。半人马兽象征着动物力量与人类智慧的结合，还有在灰烬中涅槃重生的凤凰。甚至在今天，喜马拉雅山雪人之谜仍旧没有解开。更有我们从6世纪以来就念念不忘的尼斯湖水怪，据说旅馆老板在离自家旅馆两步路的地方亲眼见到了这只怪物后，水怪的传说自1933年开始甚嚣尘上。

卡：那么龙呢？

鲍：龙的传说起源要追溯至古希腊、古罗马时期。维京人将龙雕刻在他们的船头；基督教徒将龙比作魔鬼；在中国，龙能够带来吉兆，是神的象征。

卡：这些怪兽造就了数以千计的传说、童话和传统。

鲍：不同的文化有着惊人的相似之处，这些怪兽既代表着人类的恐惧，也代表着人类的希冀。我们很难梳理清楚传说中的动物，因为它们不仅数量众多而且极其多样。但总的来说，它们反映出了人类的境况，就如同今天狐狸代表着狡猾，狗代表着忠诚，蚂蚁代表着勤劳。在动物寓言中，动物承担着道德教化的角色，成了文化中的主角。人类还赋予身边的宠物一种奇幻感。狗不能说话，但能懂它的主人。另外还有以动物的形状命名的星座，并由此诞生了占星术。

卡：占星术？

鲍：是的，动物一直都是大部分民族（印加人、阿兹特克人、中国人）占星术的核心，当然也包括具有真实的动物和传说中的动物的西方占星术。

卡：然而，虚构的动物并没有脱离动物学基础，据说美人鱼就是水手们发现海豹和海牛后想象出来的。

鲍：确实如此。模糊地看见某些动物后，人类被唤起了灵感，添加想象后进行了重塑。17世纪初，人类首次发现猩猩后就相继出现了长有羊角及羊蹄的半人兽萨梯和人猿的传说。欧洲中世纪最流行的游记就是一部幻想文学作品，作者约翰·曼德维尔在书中描绘了美人鱼和其他奇幻生物，他的文稿在几个世纪期间一度被作为参考文献。而马可波罗从亚洲回到欧洲后记录下的真实老虎、犀牛和其他生物，却反被认为是荒谬无稽、满纸谎言的。

替 罪 羊

卡：总之，人类试图通过动物表达自己的幻想、宗教信仰、好的一面和坏的一面……

鲍：没错。对于将动物画在岩壁上的人类来说，动物的体形、动作和奔跑、游泳、飞翔的能力令他们感到神奇。这些特性被文化重塑、解读，与人类产生关联。不同文明的情感和信仰孕育出对每种动物的不同态度。举个例子，在大部分的宗教传统中，特别是在地中海盆地，山羊象征着不幸；而对北美印第安人来说，山羊能够带来好运；以色列人从很久以前就认为山羊能够替犹太教徒赎罪，现在为人熟知的"替罪羊"一词就来源于此。赎罪日当天，祭司要宰杀一只山羊作为祭品，并将另一只山羊放逐旷野，意味着山羊担负了人类的一切罪孽。

被仪式化的动物

卡：动物也出现在创世神话中吗？

鲍：公元前 2 世纪，波斯神话中的太阳神密特拉宰杀了一头公牛献祭从而创造了生命，象征着人类战胜了动物天性。古罗马人信奉这一传说，信徒们孜孜不倦地进行着献祭，并将这一习俗传遍整个地中海盆地。意大利的密特拉教信徒割开公牛的喉咙，让公牛的血流淌在要复活的人身上。今天也同样如此，在举行动物献祭仪式时，要让动物的鲜血接触"邪祟上身"的人，使动物血浸透邪祟，从而达到净化人类的目的。

卡：斗牛是不是源于这些古老的传统？

鲍：在古希腊时代，斗牛就已经出现在克里特岛上，当时还是一种危险的宗教祭祀活动。在法国，斗牛大约出现在 18 世纪的朗德省，经常有人在斗牛中丧命。现代的斗牛是在拿破仑三世和戈雅的推动下盛行起来的。斗牛表演中，男性斗牛士身着女性化装扮（梳发髻、着紧身衣裤，斗篷翻飞如同长裙）杀死庞然巨兽。通过公牛的死亡上演一场激情澎湃又玄幻奇妙的仪式。

卡：传统真是坚不可摧。

鲍：是啊，但传统仪式也在不断进化并走向消失。就在几年前，俄罗斯的渔民还会在河面破冰之际将马投入伏尔加河，以求来年夏天能够获得丰收。印度也有类似的情况。现在的王位继承典礼通过卫星电视放送，配有专业记者发表评论；而在 17 世纪的爱尔兰，继位大典会邀请贵族、平民，也许还有当时的记者参加。在尽显王室尊贵的大典上，未来的国王要表现出与一匹白母马交配的动作，重现天地交融的神话传说，国王代替上帝向代表大地的母马进行授精。然后母马被献祭，在一口大锅里烹煮，未来的国王还要在汤里沐浴，而马肉则会分给宾客。

挨打的猫

卡：猫的地位也在不断变化吗？

鲍：如今的猫在中国的某些地区仍被认为是半神，在现代社会与人类同床共枕。但在中世纪的法国，猫却被视作恶魔。以前的埃及人把猫奉若神明，养猫主要是为了祭祀和捕鸭。

卡：猫还会追捕鸭子？

鲍：证据可是不少，有墓穴岩壁上的壁画，也有文字记载。那时的艺术家们记录下了农民和动物建立的特殊关系，其中就有人类和猫一起藏在芦苇后伏猎鸭子的场景。与之相反，在15世纪到17世纪的西方国家，为了驱魔辟邪，猫被千方百计地折磨虐待：从高塔上摔下来，被吊死，还有被活活砌进城堡或房屋的墙和地基里的。这种中世纪的传统经过几百年的发展甚至催生出一种相当独特的乐器——猫琴。

卡：这是一种虐猫的乐器吗？

鲍：就是将几十只猫放在打了孔的盒子里，把猫的尾巴从孔里穿出来，然后狠命拽或用尖锐物体扎猫的尾巴，使得被关在盒子里的猫发出痛苦恐惧的尖叫声。在中世纪，经历了前几次十字军东征后，猫被当作恶魔活活烧死，在预祝丰收的西班牙圣胡安节上，人们会将猫放进布袋或木桶里，悬挂在熊熊燃烧的柴火堆上。人们欢呼雀跃地等着布袋或木桶开裂，等着猫掉进火堆之中。而在猫尖叫着如同跳动的火焰般燃烧殆尽以后，人们便在熄灭的火堆旁手舞足蹈，因看到所有不祥之物统统化为灰烬而兴高采烈，认为邪祟被驱散后将迎来一场盛大的丰收。

卡：著名的圣胡安篝火节就是源自这个阴暗的习俗吗？

鲍：是的。这也证明了人们思想的转变。当时在巴黎的沙滩广场上举行了一场重大的火化仪式，未来的路易十三向其父亨利四世请求赦免这些即将被火化的动物，最终成功地拯救了它们。

被妖魔化的动物

卡：西方人是不是总认为魔鬼会附在动物身上呢？

鲍：所有动物都曾在某个时期被当作恶魔的象征：被泡进圣水里互相打斗的猫，被称为"地狱之蝇"的蝙蝠，那不勒斯人眼里的猪，被钉在仓房门上的猫头鹰，被埋在地里的蟾蜍，象征着不幸和凶兆的鼹鼠等黑色动物，在黑暗中活动的夜行性动物，背离光明的上帝的白化动物……许多盲人的生命也因失去光明背离上帝这个理由断送在火刑架上。第一个被认定是恶魔化身的动物就是《圣经》里勾引夏娃吃苹果的那条蛇。

卡：人类和动物的关系真是没有一个良好的开端。

鲍：确实如此。还有一种说法，恶魔想模仿上帝创造人类，结果造出了猴子。

卡：您确定我们现在讲述的是美妙的动物史吗？

鲍：当然，因为习俗在不断进化，今天的猫睡在我们的床上，在作家的桌子上打着盹。历史不断朝前推进，被时间美化。从前的人养育孩子也是为了献祭。亚伯拉罕创立一神教，提倡用羔羊代替孩童献祭。

卡：从古埃及人到婆罗门教和佛教文化，从北美印第安人到非洲文明，诸多文明都将动物神化，只有基督教对动物如此凶残。然而，四福音书中都有动物出现，而且圣灵的形象也是一只白鸽……

鲍：诸多民族和文化都将动物视作人类的兄弟。生灵的世界独一无二，人类是这个世界的一部分。相反，西方人坚守人类中心论，基督教认为上帝按自己的形象创造出人类，并给予人类掌控自然的力量。这种观点如今依旧占据主流。毕竟这一观点是与一神论同时诞生于公元纪年之初，并在整个中世纪被强化。即使在 13 世纪，意大利亚西西的方济各（简称"方济"）曾意图恢复动物在上帝造物之时的地位，也最终无果。

卡：在世界三大一神教①中，基督教的《圣经·旧约》中上帝授予了人类一切权力并将动物转变为"替罪羊"？

鲍：实际上正是出于这一观点，人类祖先对待动物越加残忍，导致现在的人对动物的痛苦无动于衷。尽管如此，犹太教和基督教对动物的看法不尽相同。在犹太教中，不是所有动物都能被当作祭品。犹太教界定了纯洁的动物和永不纯洁的动物，但认同动物的情感和存在，认为动物是值得被尊敬的上帝的造物。

卡：这些看法是否同样决定了饮食习惯？

鲍：根据摩西五经②，食用动物肉应去除动物的生命之源（即动物的血），因为血掌控着生死，代表应留给上帝的部分。还禁止食用混合带血的羊肉和母乳，因为混合象征着乱伦。纯洁的动物只有长有蹼的家禽、长有鳍的鱼类和长有爪的反刍类食草动物。

---

① 世界三大一神教是指犹太教、基督教和伊斯兰教。——译者注
② 摩西五经是希伯来圣经最初的五部经典：《创世记》《出埃及记》《利未记》《民数记》《申命记》。——译者注

卡：猪也有爪吧？

鲍：但猪既不是食草动物也不是反刍动物，所以猪肉是禁止食用的。其他应避免食用的还有长有鳞片的鱼，因为这类鱼被认为是不合标准的动物，不符合早期犹太教确定的世界秩序。鸡肉和鸡蛋在非洲和亚洲的很多地方也同样被禁止食用。人们还莫名地相信食用动物内脏能够滋补人体中对应的部位，这一观点已经流行了数个世纪，甚至在今天，人们会为了增强精力而食用带血的红肉。从脏器疗法的角度看，动物的脑可用于神经外科，肝脏可作为消化药物。

被执行火刑的猪

卡：帕斯卡尔·皮克也提到过，根据达尔文的理论，人类并非独特的创造，只是漫长的生命史中的一小部分。更糟糕的是，人可能与猴有亲缘关系。人类的自尊心因此受到了极大的伤害，我们对动物的看法也发生了改变。

鲍：是的。这种耻辱感的来源改变了人类从天而降的美好形象，这也是与猴类的亲缘关系会引起人的情感反应及厌恶感的原因。1860 年 6 月 28 日至 30 日，在英国科学促进协会年会召开期间发生了"牛津大论战"。牛津大主教塞缪尔·威尔伯福斯与托马斯·赫胥黎针锋相对，他称赫胥黎为"达尔文的斗牛犬"，说他正代表了不在场的达尔文。"如果人类真的起源于猴子，最好不要有任何人知道。"据说布鲁斯特小姐^①说完这些话就晕了过去。当傲慢的威尔伯福斯讽刺地问赫胥黎他与猴子的亲缘程度时，赫胥黎回答更愿意认一只猴子作祖先，而不是一个"利用自己的地位和影响力鼓动不明就里的大众否认思想进步"的人。

卡：动物使我们着迷，也让我们讨厌。因为它们代表着我们想掩饰的东西，对吗？

鲍：人类对自己的起源和身上残存的动物性而感到耻辱。

---

① 英国科学家大卫·布鲁斯特的女儿。布鲁斯特的最大贡献是在光学方面发展了"布鲁斯特定律"。——译者注

卡：为起源而感到耻辱？

鲍：一神论让人类以为自己是超自然的存在，不同于被视为低等生物的动物。然而有很多其他文化认为动物是人类亲属结构的一部分，人类的灵魂转世时可能会以动物的形态出现。印度教徒、佛教徒、北美第安人、非洲南部的布须曼人和狩猎民族都是这样认为的。对阿兹特克人而言，蜂鸟承载着亡人的灵魂。

卡：我们是以什么标准划分人类与动物之间的等级的？

鲍：动物不会说话，没有灵魂，没有法律。

卡：但曾经有一段时期，人类认为动物负有责任，对它们提起诉讼，让它们在人类法庭接受审判，不是吗？

鲍：这又回到了符号表征。为了审判附在它们身上的恶魔而无视真实的动物。这种态度根植于《圣经》的戒律之中。摩西曾要求用石块击毙杀死男人或女人的牛。从中世纪直至启蒙运动，教会和民事法庭里都有这类诉讼。执达员在乡村四处搜索，以传唤毛虫和田鼠到庭。

卡：如果它们没有出现呢？通常都是如此吧。

鲍：它们会被开除教籍。有害动物会因破坏了收成而被判刑。判决的程度取决于动物登上诺亚方舟的顺序。如果动物被判定有罪，就会被处以火刑、绞刑或者活埋。猫会因为在某个周日吃了老鼠而被绞死；猪也会因为在耶稣受难日——也就是斋戒日，袭击了人或者吃了圣饼而被烧死。还不算那些被带到绞刑架上的母猪、公牛和马，它们通常会被穿上人类的衣服。

卡：为什么？

鲍：为了让它们更像人，能为它们的行为负责。为了审判附在它们身上的恶魔。而为了以儆效尤，动物的尸体还在被当街示众或被马拖拽后焚烧，农民要带着他们的猪观看这一场景。

卡：简直像在做梦，多么愚蠢啊！

鲍：在饥荒黑暗的年代，死亡犹如家常便饭，因此驱除人的恐惧至关重要。人类需要通过制造权力确认自己胜利者的地位。我们回顾过去总会觉得那个时代很"愚蠢"，但我认为现在这个科学的时代依旧会犯一些被带着优越感的后人称之为"愚蠢"的错误。

卡：曾经驱除恐惧的方法是不是正如动物祭祀？

鲍：是的，无论在非洲、欧洲还是美洲，医治者都会通过驱赶恶鬼治疗疾病，他们认为人生病是因为恶鬼作怪。驱鬼仪式通常由鼓声、舞蹈、灵媒、咒语组成。病人所在的集体都会参与仪式，所以这个过程变成了集体活动。为了保证疗效，仪式必然伴随着动物祭祀。

卡：献祭动物的目的是什么？

鲍：将人身上的恶鬼转移到祭祀的动物身上。

卡：又是一个替罪羊。

鲍：是的，人类的烦恼在于看待这个世界不是单纯地用双眼，而是通过思想。事实上，动物的历史一直被人类的文化和说辞而左右，其中总是显露出人类站在生物金字塔尖的观点。

恐惧与恐惧症

卡：鉴于动物在人类精神世界中的重要性，它们出现在我们的梦中也是理所当然，有时甚至引发了震颤性谵妄，这如何解释呢？

鲍：对动物的害怕和厌恶根植于人类的历史以及与动物的关系之中。这种焦虑与柔软、寒冷、黏稠、毛绒相关，与长角的、在黑暗中活动的、有毒性和攻击性的动物相关。当震颤性谵妄发作时，酒精中毒的病患的大脑会神奇地产生"动物幻视"，也就是出现不受控制的令人恶心的动物幻象，比如老鼠和蛇。

卡：为什么呢？

鲍：因为动物激发了人类强烈的情感，在人类的记忆中留下了深刻的印象。当谵妄病发作时，就会看到冲击性的画面。

卡：明白了。但为什么会出现蛇和老鼠呢？

鲍：因为在社会共识中，它们代表着绝对的恐惧。那些爬行、蠕动、有毛的动物会引发人类或者动物都无法控制的情绪。我们对蛇的恐惧是返祖性的，是所有灵长类动物特有的，如幼猴也会对蛇感到恐慌。我们都害怕长长的动物，而对像熊一样圆滚滚的动物产生安全感，因为它们让我们想起了母亲圆圆的肚子。对小型兽类、昆虫和老鼠的害怕是因为它们总在夜里活动，在我们睡觉时成群结队地出现，给人难以掌控的感觉。人对蜘蛛的恐惧则源于它们毛茸茸又带着尖刺的八条腿。

卡：人类的恐惧并不一定是正确的。

鲍：确实。我们虽然怕狼，但在人类的历史中，狼显然不比吃掉了大量婴儿的猪更危险。然而，出现在孩子梦中的会是狼而非猪。我们更加害怕自己不了解的动物。

卡：我们害怕狼，但我们的祖先却与狼亲如兄弟，甚至驯化了它们。

鲍：人类驯化了幼狼，创造出忠诚于人类的狗，而狼象征的是野性。人类对强大的生物总是抱有恐惧。我们必须拼命地驯化以避免它们重获兽性。

卡：但狩猎民族与狼一直维持着一定程度的尊重。

鲍：这也是经历了对狼的大屠杀后，狼仍然存在的原因。人类一直有一种矛盾心理，这种心理的起源可以从历史、文化、传说和神话中一探究竟。狩猎民族自认为是狼，甚至会模仿狼的行为和狩猎方式，他们把狼奉为榜样、传说，甚至祖先。在这种力量关系的对比中，人类总是倾向于崇拜令我们感到恐惧的对象！

卡：但人类开始畜牧并改变了与环境的关系后，对狼的态度就变得残酷无情了。动物会不会使人类想起在走向文明途中一直需要避免犯下的错误呢？

鲍：是的，动物鲜活地反映着人类的精神世界。在基督教世界，狼是上帝派来惩罚人类的使者，是象征基督的羔羊不共戴天的敌人。如今，狼就像中世纪的猫一样依然属于会引发人类做出不理性行为的动物。从狼身上也可以看出人类精神世界的演变。

"低等"生物

卡：的确，从此睡在家中长椅上的宠物和被物化、食用的动物之间出现了一条无法跨越的鸿沟。对这些动物的宰杀进行灭菌化处理，是因为我们不想亲眼看到这个场面。

鲍：虽然您用了"灭菌化"，但我更愿意用"技术化"。屠宰场和工业养殖技术使得这种动物从此成为虚拟世界的物种。

在那个世界，大部分人不再能将动物想象成有血有肉的生物。以前，孩子在目睹杀猪前都还会听到它们的尖叫声。

卡：这会有什么后果呢？

鲍：我认为这会在无意识中减少对动物的仁慈，因为我们不再目睹动物的死亡。孩子不会再把食物与活生生的动物联系到一起。

卡：虽然人们对工业养殖的牲畜的痛苦选择熟视无睹，却无法阻止"动物是人类的受害者"这种观点出现，这是前所未有的。

鲍：确实如此。但还会发生少数冲突，例如公元前5世纪，因卢克索的埃及人崇拜绵羊而犹太人用绵羊献祭，所以两者发生了冲突。历史上，人类从来没有像在19世纪中叶那样强烈反对粗暴对待动物。另外，从这个时期开始，宠物揭示了具有文化价值的情感的发展。动物不只进入家里，昭示了主人的社会地位，如今还住在家中，在家庭里占据一席之地。

卡：由此可以得出什么结论呢？

鲍：动物可以填补主人的空虚。值得一提的是，反对动物
迫害以及动物填补空虚这种趋势揭示了一种变化。我们对动物
的看法对它们产生了巨大的影响。19 世纪，人们把小马带下矿
井工作，直到它们的生命耗尽才带出来，有时候还会根据它们
的劳动授予勋章。然而，受伤的马会被视为无用的工具而不予
治疗或直接抛弃。

卡：是因为不知道怎么治还是不想给它们治？

鲍：将服务于人类的科学运用在动物身上，在很长一段时
间内是被明令禁止的。

卡：古希腊名医希波克拉底就拒绝对动物使用专属于人类
的医学治疗手段。

鲍：的确如此。兽医学派是 18 世纪以后随着狄德罗和百科
全书派而诞生的，那时的人已经敢对"低等"生物使用"高等"
生物的福利。这些学派之所以创立，是因为动物流行病引发了
马匹的大量死亡，甚至威胁到了人类。很快，治疗家畜领域也
出现了研究和教学。

卡：对于至今仍在大范围使用的"高等"或"低等"动物的表述，您怎么看？

鲍：这是一种完全错误的生物观造成的结果，就像有益物种和有害物种的划分一样不合理。那些所谓的"有害"狐狸因为捕鼠而阻止了某些流行病的传播，保护了收成。"高等"和"低等"的概念来源于人类的社会阶层，在人类的概念中，有些人出身高贵，有些人毫无价值。

卡：所以，在最近的 50 多年，动物才慢慢被视为受害者吗？

鲍：是的。因为人们一般奉行的都是笛卡儿在 17 世纪 30 年代的逻辑——动物只是没有理性的工具，人类才是有灵魂的思想者。

卡：贬低动物是为了更好地利用它们吗？

鲍：是的，很多人还认为人与动物之间存在巨大的鸿沟，无论是内在还是外在，人与动物之间没有任何共同之处。因此，拥有话语权和武器的人类有权剥削动物，而不会遭受审判。

卡：这一逻辑也被用在了人类身上。

鲍：是的。要想消灭某些群体其实很简单，首先让他们在社会上处于弱势地位，禁止他们从事某些职业，然后论证他们的智力低于平均水平，最后把他们比作能引起恐惧的所谓的有害动物，比如老鼠、蛇或狐狸。消灭他们就变得合乎"道德"了。

卡：总而言之，人类对动物的喜爱或仇恨反被利用于排斥其他人类。

鲍：就是这样。我们越深入了解动物，就越能明白人类的处境。动物有它们的历史，但这个历史是人类撰写的，包含了人类的情感和认知。

卡：动物的历史说到底就是人类看待动物的历史，因时代和地域而异。

鲍：确实如此。而真实在别处。在动物的主观世界……

第二节

属于动物的世界

动物曾经给过人类了解它们的机会，然而迄今为止，我们从未试图去真正认识它们。有多少物种，就有多少个不同的世界。

每个物种的世界

卡：人类与动物之间的分界线在哪里？

鲍：语言应该是一个合适的界限，25 个世纪以前的古希腊人曾发表过这个观点。然而，那些尚未掌握或无法掌握语言的新生儿、聋哑人、失语症患者和处于昏迷状态的人，他们属于人类吗？

卡：或许正是横亘在人类与动物间的语言让我们对生物进行了高低等级的划分吗？

鲍：是的。过去，聋哑人学习不到知识，所以变得低能。一旦他们掌握了手语，这种弱势就会消失。不会说话的孩子会被认为没有感觉痛苦的能力。女人被认为勉强拥有灵魂。人类与动物的区别存在于意识层面。最近 40 年来，现代技术使我们能够更好地了解动物的精神世界，神经生物学更是可以明确指出表征的内涵。

卡：表征是什么？

鲍：一旦生物能够再现过去的信息，包括所有的记忆，也就是能够记住且回忆起某件事，那么就被认为具备表征能力。CT 能显示大脑在环境压力下拥有该能力的程度。正电子相机揭示出生物不仅可以对外部刺激做出反应，还可以对来自大脑和记忆中的刺激做出反应。大多数动物都有这种能力。

卡：有观点认为动物没有智力，仅仅依靠直觉行事……

鲍：这种观点没有任何意义。这里同样涉及 18 世纪提出的一种意识观念，是为了把灵魂与躯体分开，让动物成为用完就扔的机器。大约 2400 年前，最早的自然主义者之一——希腊哲学家亚里士多德解释说，对于动物与人类而言，智力都是一个不断演变的过程。每个生物都有自己的智慧，蚯蚓有蚯蚓的特性，人类有人类的特性。对于每一个生物来说，这个世界都是合乎逻辑且承载着意义和内涵的。水蛭的世界不同于人类的世界，也不同于老鼠的世界。

卡：也就是说？

鲍：蛇生活的世界里充满了红外线，它能够感受到最微小的温度差异。蝙蝠生活在一个超声波世界里，截然不同于大象的次声波世界。在鸟类生活的环境中，最微小的图像和颜色变化都包含着丰富的信息。水蛭可以感知阴影和湿度变化。猴子擅长识别脸型和声音结构。对于人类自身而言，所见总是比所想更好。

卡：是不是存在多少种动物，就有多少个主观世界？

鲍：对。生活在同一环境中的每个生物都能够获取到不同的信息。在 20 世纪 30 年代，德国自然学家乌克斯库尔将动物的主观世界这一概念称为"环境界"，强调了动物感官的存在。每个动物都通过其神经系统感知这个世界。

气味的世界

⟨⟨⟨⟩⟩⟩

卡：因此，正是由于每个动物具有独特的感官，所以它们都能感知到所处的环境。

鲍：以它们各自的方式。一种动物可能被另一种动物视为无关紧要的幻影、诱人的气味、可口的食物或者危险。例如，苍蝇的眼睛由 3000 个小复眼组成，拥有 360 度的视角，每秒可以分辨 100 幅图像，视觉能力远超人类 10 倍，且对紫外线和偏振光敏感，能够在飞行中观察外部环境。蜗牛能够根据湿度和光线的变化做出反应。捕食动物拥有能够判断地形以及距离的正面视野，而食草动物是全景视野，仅能检测周围的动向，无法准确评估距离。蛇通过位于眼睛和鼻孔之间的两个神经浅窝，可以感知温血生物的温度特征及变化。鲸能够和大象一样，通过人类听不到的低频声波进行沟通。由于低频声波几乎不会被周围的障碍物削弱，所以鲸的声波可以传到几十千米远。鲨鱼对生物产生的微弱电场极为敏感，即便是隐藏在沙子下面，同时也对血腥味非常敏感。

卡：每种动物都有着截然不同于人类的感觉器官吗？

鲍：是的。存在各种能够感知物质世界的感觉方式，这也提醒了我们眼前的这个世界只是从特定感官接收到的信息被处理后的结果。这也是为什么视力退化的动物，如鼹鼠或者生活在深海底的鱼类，也能够通过特定的神经构造进行定位、交流和进食等。鼹鼠由于拥有被称为"触须"的感知皮毛（类似于猫咪的胡须），再结合其他感知能力，在很大程度上能够弥补视力缺失。海豚和蝙蝠则利用所谓的"回声定位系统"。

卡：什么意思？

鲍：这是鲸类感知物体的感官系统。鲸类用于回声定位的叫声一般是 25 至 250 千赫兹的超声波。

卡：所以人类无法知晓动物的主观想法？

鲍：一定与人类的理解十分不同。我对动物产生的想法必然与该动物对环境或对我的感知毫无关联。这也就解释了当我笑着伸出手掌走向一条陌生的狗时，它可能会将我视为一个可怕的威胁，而我只是想抚摸它。

卡：所以，同一环境中的动物都生活在专属自己的时空里？

鲍：个体不同，所处的世界也不同。因此，一朵鲜花对于食草动物、觅食的蜜蜂、产卵的蜘蛛以及嗅到花香的人类而言，具有不同的意义。然而，个体的世界也是相互依存的。每个个体都存在于其他个体的世界中，只是感受世界的方式不同。

卡：这与神经系统有关吧……

鲍：当然。只有约两万个神经元的海水蛭能解决所有问题，无忧无虑地生活。鸟类拥有一个可以解决许多复杂问题的大脑。哺乳动物能够生活在一个未知的世界。人类能够在一个由语言符号组成的世界中进化。大脑的表征能力越强，就越能想象一个不存在的世界，也就是说能够处理过去的信息，而不只是对感知的信息做出反应。

会思考的昆虫

卡：动物的大脑与人类的大脑如此不同吗？

鲍：人脑的构造依据的原理与动物大脑一样。总的来说，存在于最简单的生物体中的原始大脑仅用于处理睡眠、体温调节、激素分泌等生存问题。"感性脑"在爬行动物中初现，在哺乳动物中发展完善。"理性脑"主要处理联想、视听信息以及人类的语言。

卡：也就是后天学习？

鲍：是的。从进化的角度看，大脑经历了从简单到复杂的过程。所以，人类的世界与动物的世界并没有断裂。一方面，屈从于最基本的生存需求，人类与蛇等爬行动物生活在同一个世界；另一方面，自语言出现以来，我们还生活在一个人为的、符号象征的、技术工艺的世界，而这个世界专属于人类。

卡：动物有意识和思想？令人怀疑。

鲍：意识早在人类出现以前的生物世界就存在了。意识不涉及精神或超自然层面，不过是神经化学组合的结果。要出现意识，生物必须对表征而不是对感知做出回应。正如我们所见，只要出现记忆现象，表征就有可能实现。目前，生物能够学习并对回忆而不是对感知做出反应。动物形成自我意识，感受情感，记忆和做梦的能力是真实存在的，只是不同物种之间存在差异。

卡：但只有脊椎动物的神经系统能够形成表征。

鲍：并不是。许多昆虫、软体动物和甲壳类动物也能够进行记忆和学习。无脊椎动物可不是无意识的木偶，它们通过复杂的突触收集信息，这些突触的神经生物学基础类似于脊椎动物的大脑功能。

卡：动物的意识与人类的意识有何不同？

鲍：人类与动物一样都是通过神经系统产生意识。但是人类能够说话，意味着能获得他人的视角，这一点使人类具有了不同性质的意识。要是别人的话改变了我们的意识，就可以说这是一种共同意识。

卡：动物是否具备设想未来的能力？

鲍：狗站在门前盯着门把手又回头看看人，并多次重复这一过程，极有可能是预料到了某些事的发生。类人猿能够摘除树枝上的小枝杈，制成一根"钓竿"，在随后的几个小时，只用这根钓竿抓蚂蚁或白蚁。而水獭会将打不开的贝壳放在一边，找到石头后返回并砸开之前放弃的贝壳。

美女与野兽

卡：生物之间有很大的连续性！

鲍：亚里士多德没说错。动物比较行为学也已经揭示出人与动物之间确确实实有许多相通点。现在的关键任务是在梳理相似点时，不混淆人与动物的天性。

卡：对动物的研究是否有利于了解人类行为的遗传性？

鲍：是的。动物行为学，该术语是由法国生物学家艾蒂安·若弗鲁瓦·圣·伊莱尔于 18 世纪末提出的。他与他的导师乔治·居维叶同为比较解剖学先驱。但事实上，直到 20 世纪 30 年代，雅各布·冯·于克斯库尔、康拉德·洛伦茨、尼古拉斯·丁伯根和卡尔·冯·弗里希等人的研究才真正致力于解释动物物种的行为。只是那时，科学家都把动物置于实验室的条件下进行观察，要么是把动物与人类进行比较，要么将其视为简单的器械，要么把人类的问题放在动物身上实验，而无视了老鼠、鸽子或人类作为动物的各自特性。

卡：那么，现代研究人员的方法有何不同？

鲍：现代研究更倾向于在自然条件下进行。在实验室中观察到的动物行为与在自然环境中所观察到的动物行为完全不一致。科学家们认为实验室里的老鼠受到了食物奖励的刺激而产生了条件反射。事实上，实验员一接触到实验室的门把手，实验室的动物就改变了行为。在野外，通过现代化的传感器，如双筒望远镜和摄像机，远距离观察到的动物行为是出于本能且更为真实的。

卡：女性动物生态学家的关注点是否与男性动物生态学家的关注点不同？

鲍：当然。首先，女性专家愿意在野外与动物一起生活。今天的男性专家也这么做，是因为女性已经率先尝试过了，尤其是古人类学家路易斯·利基培养出的被称为"利基天使"的女性们。20 世纪 60 年代初，珍妮·古道尔在坦桑尼亚研究黑猩猩；1985 年，戴安·福茜在卢旺达研究大猩猩时惨遭偷猎者杀害；毕鲁蒂·加迪卡斯在婆罗洲与红毛猩猩一起生活了 30 年。还比如雪莉·斯特朗姆，她毕生致力于对狒狒进行研究……不同于男性，女性与动物之间不存在力量对抗。她们不会引起雄性动物的敌意，最多只是激起它们的好奇，它们很多时候，也只是容忍，甚至漠不关心。

卡：具体来说，女性的观察与男性的有何不同？

鲍：观察角度和记录都不一样，就连用词也有差异。当男性专家使用"统治"一词时，这个词暗含着力量对比、竞争或权力争夺等；然而，当一个女性专家对动物群的统治关系进行观察时，同样的词指的却是另一方面的事实，偏向于主导食物分配和情感协调。

卡：所以，研究同一动物群统治关系的男性和女性动物生态学家指定的动物统治者并不是同一个？

鲍：就是这样。观察结果存在明显的性别差异。即使使用的词汇相同，但指称的内容也不相同。此外，动物生态学家都倾向于给被观察的动物命名，以便区分它们。一个动物拥有了姓名，就被人格化了。

卡：这种方法并不被科学界认可吗？

鲍：上述女性观察员受到了大量非议，只是因为她们没有完成传统的大学课程。尽管如此，是她们令这门学科发生了巨大的变革。她们敢和这些动物一起生活，并带回了出色的研究成果。

卡：为什么动物对女性更不具攻击性？

鲍：动物能够感知性别信号。事实上，动物非常清楚靠近的是男性还是女性。如果靠近的是男性，那么它们所需与之保持的距离更远；如果靠近的是女性，它们更容易接受。同时，女性更具有耐心，必要时愿意服从。女性的手势更为缓慢柔和，声音更加温柔。她们能够融入动物的生活环境，从而成功地融入动物群体，或者在附近观察动物的日常活动。但是，并非一切都是完美的。例如，雌猴会把粪便"炮弹"扔给女性游客，而不是男性游客。这里已经体现出了相同性别之间的竞争。

卡：这些女性研究人员取得了哪些实质性的研究成果呢？

鲍：她们动摇了人类和动物划分标准的预想。例如，使用工具曾经是并且现在仍是人与动物之间划分的标准。珍妮·古道尔从非洲带回了能够证明黑猩猩会利用树枝伸入蚂蚁洞引出蚂蚁，使用石头和树桩打破坚果的证据，但人们表示怀疑。戴安·福茜在山区的斗争警醒了公众。所以，研究灵长类动物的进化史对于改变对动物的看法意义重大。虽然在灵长类动物中，以雄性为主导的分级统治制度是动物群最主要的模式，但女性学者也向我们展示了灵长类动物社会组织形式的更多可能性。信息收集的方法也在同步发展。

爱美的鸟

卡：动物使用的这些工具是它们拥有智慧的证据吗？

鲍：不同于发明儿童智商测验的人所认为的那样，智慧是不可测定的。人类的智慧尚且无法直接被观察到，那又该如何定义动物的智慧呢？

卡：您的回答是？

鲍：对动物行为的研究让我们发现了动物具有认知能力的迹象。动物能够发现事物的规律性，解决空间问题，使用工具，进行概括和计算。它们能够制定心理策略，比如假装受伤转移威胁幼崽的捕食动物的注意力；能够耐心等待机会，比如类人猿会等待实验员不在的机会打开笼子；能够组织复杂的行动并掌握技术，比如蒂斯朗鸟精心设计的巢穴，白蚁合作打造出拥有完美几何形状的蚁穴。在这种情况下，我们不能说哪个个体是聪明的，因为是整体想出了解决问题的方案。

卡：动物是如何建造巢穴的呢？它们的建造方法是从基因中代代相传的，还是会依据实际情况在脑海里进行构想呢？

鲍：这取决于物种。蜜蜂建造蜂巢的方法代代相传，并且进行不断修正。而海狸主动堵塞水坝缺口的行为则反映了规划行动的能力。

卡：新几内亚的园丁鸟为吸引伴侣会花费大量时间将收集的材料组合成棚架或走廊形状，接着使用玻璃碎片、蜗牛壳、水果、鲜花等不同形状和颜色的物体进行装饰。动物真的能感知到美吗？

鲍：假设存在一种美的生理学，正如某些神经科医生所言，那么我认为那些鸟在五颜六色的物体前有对美的感知。雄鸟布置巢穴是为了吸引雌鸟；雌鸟会选择最被吸引的饰物，或许就是那些激发美感的饰物。

卡：为了胜过临近的巢穴，雄鸟不得不花费更多心思。

鲍：是啊。这个工程会持续数月。某些鸟甚至从树皮上提取出纤维作为画笔，浸入浆果汁和水的混合物中，粉刷爱巢。

洗番薯的猴子

卡：动物会发明创造吗？

鲍：我认为"创新"或"适应"更合适。而且，生存就意味着创新能力。类人猿能够解决很多问题：开门，堆起箱子取放在高处的物品，用树叶制作雨伞避雨，嚼碎叶子制作海绵……通过寻找解决问题的办法，体验新的经历，动物适应了未知的情况并继续传递这种适应性。一个最著名的例子就是日本幸岛用水洗番薯的猕猴。

卡：它们怎么了？

鲍：某一天，一只 18 个月大的母猴决定用海水洗净番薯上的沙子。幼猴观察了母猴的行为，模仿它洗番薯。接着其他母猴也模仿这一行为，最后连最不容易改变的年长公猴也开始了模仿。三代之后，不洗番薯的幼猴就会挨打。

卡：是观察诱发了学习吗？

鲍：是的。20世纪初，海鸥几乎快灭绝了，城市化的发展挽救了一些以垃圾为食的海鸥。人类的进步为海鸥带来了一场真正的文化革命，并且继续在后代中传承。后来，垃圾场出现了焚化炉，成年海鸥就教孩子捕食。同理，英国山雀已经学会打开牛奶瓶盖，而法国山雀还做不到。

卡：整个动物群体都可以学会新的行为吗？

鲍：是的。一些黑猩猩群体能够学会并运用不同于邻居的技术砸开椰子。

卡：鸟类和鲸能学会新的叫声也符合这种情况吗？

鲍：叫声部分是通过学习得来的。每只鸟、每头鲸和每匹狼都有专属的歌声，并成为该物种遗传特性的一部分。这种口头形式的传统世代相传。事实上，不难发现黑猩猩、鲸、鸟类和狼都有方言。此外，鸟类和鲸能够模仿声音并根据自身情况进行再利用。

卡：几位专家在回顾近150年来对黑猩猩的研究后，肯定地指出文明并不是人类的专有属性……

鲍：没错。近些年，两名灵长类动物学家在对塞内加尔尼奥科罗－科巴国家公园的黑猩猩和狒狒群体进行观察后，指出它们会过滤池塘内包含致病杂质的水。狒狒用手在沙子上挖洞；黑猩猩用木棒……在这两种情况下，洞被水填满，附近的沙子作为过滤器过滤掉了水里的杂质。

卡：您怎么看集体智慧？蜜蜂和蚂蚁只能在群体中存活吗？

鲍：是的。我们不去讨论蜜蜂和蚂蚁的智慧，但蜂巢和蚁穴的确解决了许多问题……

卡：那么，智慧如何能够出现在认知能力较低的动物群体中呢？

鲍：一只具有感官的昆虫只能解决一点儿问题，而昆虫群体可以找到解决复杂问题的方法，因为个体之间形成了基于合作和协调的统一体。结构出现，集群中分化出各个等级。昆虫如此，在零下 50 摄氏度面对超过每小时 150 千米的暴风雪的企鹅也是如此。如果有企鹅落单，就很有可能会冻死。但如果是企鹅群遇到上述情况，它们会规律地接替站在最外围被冻僵的企鹅以抵抗寒风。这样保证了群体内部的温度。如果它们各自为战，都将被冻死。

卡：这算是合作吗？

鲍：是的，这一点尤其暗示了人类的生存情况：个体几乎什么问题也解决不了，而群体既可以做出伟大的举动，也可以造成可怕的后果。

感觉的"囚徒"

卡：集体的行为也不总是正面的。例如，飞蛾扑火，或北美洲的啮齿动物旅鼠自发性的集体跳水。

鲍:它们是受控于感觉刺激的"囚徒"。旅鼠一旦繁殖过多，就会一只紧跟一只。如果遇到悬崖，它们会受到前面同类的行为刺激集体跳崖。在人类看来，它们是在"自杀"。

卡：对于人类来说，我们有不被感觉掌控的自主性。

鲍：是的，但人类也有服从于社会和文化规范的自主性。所以我们改变了奴隶制，这是人类的特性。靠近光源或火焰的飞蛾的特性在于对光的刺激做出反应。这是有机体对特定刺激做出反应的正常现象。昆虫会不自觉飞到翅膀带它去的地方。

卡：迁徙也是刺激陷阱的一部分吗？

鲍：动物迁徙的主要动机通常是出于觅食或繁殖的需要。龙虾要在海底游动数百千米，牛羚要跨越 1000 多千米的非洲平原，形成迁徙鲸群的数量多达 7000 只。鸟类拥有最长迁徙距离和最高飞越海拔的纪录，比如，北极燕鸥的来回迁徙行程超过 3 万千米。大多数迁徙动物都有与生理变化密切相关的生物钟。动物的荷尔蒙状态随着生态、气候而发生改变，令它们意识到出发的时刻到了。

卡：迁徙路线是一代代传承下来的，还是天生就在基因中的？

鲍：两者都有可能。对于鲑鱼、鸟类或者鳗鱼来说，迁徙是对印象和生态刺激的综合反应。鳗鱼能够不偏离路径，游数千千米到达马尾藻海产卵。鲑鱼以嗅觉为导向，通过水的味道分辨迁徙路径。如果水的气味有所改变，鲑鱼就会离开这条路。鸟类会对内耳的某些刺激做出反应。地磁场和太阳的角度等外界信号能够帮助它们找到迁徙的线路。

蜜蜂的舞蹈

卡：它们把太阳当作指南针？

鲍：是的。地磁场就像飞行员的指南针，这些物理指标使它们保持航向的准确性。它们同时记住了一些重要的地势地形，山脉和海洋构成了迁徙路径上的地标。它们还可以感知到人耳听不见的次声波，由此知道远处有河流或山脉。

卡：蜜蜂如何了解自身所处的环境？

鲍：德国的动物生态学家卡尔·冯·弗里希揭示了著名的"蜜蜂的舞蹈"，这是蜜蜂用于定位的一种特殊"语言"。发现新觅食场所的蜜蜂会返回蜂巢跳一段舞，告知其他工蜂该场所的位置、离蜂巢的距离、太阳的位置、风向和风速。蜜蜂相对太阳飞行的倾斜度，转出的圆圈的宽度，腹部抖动的强度和持续时间构成了一种语言，可以告知其他蜜蜂方向、距离、花蜜的多少或花田的大小。

卡：蜜蜂身上是不是有一种基因程序，一种"芯片卡"，能让一代代的所有蜜蜂都知道通过"跳舞"进行定位？

鲍：是的。哺乳动物身体之间的情感传递就与遗传无关了。

卡：举例来说？

鲍：威廉·梅森1965年的试验首次证明了上述观点。他将一只感官被剥夺的雌性猕猴放置在一个笼子里。这只雌性猕猴无法看到或听到任何生命迹象，这是对动物最为严重的刺激。被剥夺了几个星期的社交接触之后，这只年轻的雌性猕猴停止了发育，并且情绪和行为都发生了巨大改变。它被放回原来的猴群后就恢复了发育，但无法完成与雄性猕猴的求偶互动和配对。于是，梅森就有了人工授精的想法……但从出生开始，猕猴宝宝就被亲生母亲的经历所困扰，感官无法正常发育。它慢慢失去了安全基地，并从未能够探索世界。它全身心投入在母亲身上，但母亲抢夺它的食物，踩它的头，威胁它，还像木偶一样拖着它走。

猴子的梦

卡：后来，它的发育怎么样了？

鲍：和受到干扰的母亲一样，它表现出了互动方面的障碍，无法完成求偶行为。这对所有在成长过程中需要母亲陪伴以及产生大量"异相睡眠"①的动物都一样。

卡：如果动物做梦，我们知道它们的梦是怎么发生的以及梦的内容吗？

鲍：睡眠是生物共有的一项重要程序。然而，体温取决于环境的鱼类、两栖类和爬行类动物不会做梦。所有哺乳动物和鸟类的体温保持恒定，表现为缓慢的睡眠和快速的深度睡眠。睡眠中会周期性出现脑电波"反常"的阶段，该阶段对应深度睡眠的时刻。在这一阶段，肌肉松弛，眼球快速摆动，记录脑电波的脑电图也发生变化。脑电波类似于清醒状态，但肌肉处于完全放松状态，"异相睡眠"一词便由此而来。梦通常在这个睡眠阶段发生。

---

① 异相睡眠是法国神经生物学家米歇尔·儒韦对做梦的定义，也就是快动眼睡眠（REM），是梦产生的睡眠期。——编者注

卡：肌肉为何会完全放松？

鲍：脑循环阻止肌肉活动是为了只让大脑体验梦境而阻止身体活动。如果这些神经通路被破坏了，正如神经生物学家米歇尔·儒韦在 20 世纪 50 年代对猫做的实验，动物就会做出梦境中的行为：跳跃、竖起毛发、吐唾沫、咬、抓、追梦中的猎物……

卡：那动物做的梦是否和我们人类一样呢？

鲍：动物像人类一样也会梦见作为狗、牛、猴子等的生活。梦境的持续时间因物种而异。值得注意的是，做梦最多的都是安心入睡的掠食性动物。草食动物很少进入异相睡眠，除非躲在牲畜棚内或洞穴深处。

卡：睡眠的持续时间呢？

鲍：有些动物的睡眠时间较长且持续，比如狮子可以睡上 18 个小时；有些动物的睡眠时间分为好几段，比如马；还有些动物的睡眠时间非常短，野兔每次只需要休息几秒就可以了。蝴蝶和飞蛾在睡觉时会折叠触角并弯下头，有些鱼则会将自己埋入沙里。

卡：年幼的动物也会做梦吗？

鲍：如果是需要从母亲及环境中学习成长的动物，那么幼崽会比成年和老年动物做更多的梦。因为刚出生的幼崽的神经系统没有成熟，异相睡眠能够促进神经系统的发育。留巢动物，也就是由父母养育的动物，比出生时就已经完成发育的离巢动物需要更多的异相睡眠，因为它们必须继续学习和发育。至于其他物种，从出生到死亡进行异相睡眠的时间都差不多。

卡：为什么？

鲍：因为它们没有太多需要从周围环境中学习的东西。它们必须适应，否则就会死亡。幼鼠在刚出生的几天里需要很多异相睡眠，但后来直到死亡前，它们的异相睡眠时间就大幅减少了。而豚鼠和羔羊从出生开始到生命结束需要的异相睡眠时间几乎是相同的。

卡：这说明了什么？

鲍：这说明它们只有短短几个小时融入群体中，也就是掌握该物种处理问题的能力。猴子的这一学习过程需要好几个月。人类幼儿生命初期异相睡眠的时间接近 80%，并一直持续到 65 岁。此后，异相睡眠的时间将降低到 15%。这意味着人类在生命结束前可以一直学习，虽然学习速度会越来越慢。

良好的印随作用

卡：我们经常谈到的"印随"是什么意思？

鲍：被称为"印随"或"铭印"的行为，是指动物在出生后的几个小时内会将它看到的第一个移动物体当作"父母"。在出生后的第 13 个和第 16 个小时，小鸡会依附于任何物体，可以是拖拉机、牙刷、其他动物或人类。如果这个物体离开它的世界，它就会惊慌失措，陷入混乱。焦虑会妨碍它的学习，在几个小时内，它就会丧失学习能力。

卡：印随现象会彻底改变小动物的学习条件吗？

鲍：会完全改变。这是一个因物种而异的敏感期。在这个阶段，生物有能力接受学习的过程。幼崽跟着母亲学习，然后在环境中学习。任何会改变生物敏感度的事都会破坏印随现象。奥地利动物行为学家康拉德·洛伦茨对这种自古以来就为农民所知的现象进行了研究。他发现小鸭子在出生后，发现他是周围唯一活着的生物，就把他当成了"妈妈"，跟着他。

卡：是不是动物发育得越慢，学习能力就越强？

鲍：是的，在需要进行体能活动和社交前，个体仍然需要跟着母亲。在动物学校，游戏是学习物种生活习性的完美练习方式。幼狼可以通过抢夺骨头了解将凝聚力看得至关重要的狼群的等级制度。

卡：游戏可以帮助小动物长大？

鲍：游戏在动物母亲的子宫内就开始了，并在出生后继续。因为游戏有利于社会行为的形成，为幼崽未来的社会生活做好准备。羚羊宝宝模仿各种跳跃行为，使其能够在日后从掠食者口中逃脱。海狮宝宝通过跳水、抛投和在水下捕捉海藻的游戏，畅游海洋。小狐狸的离群游戏预示着成年后将度过的孤独狩猎生活。而幼狮们的模拟打斗以及由此产生的快乐和友谊，有助于它们熟悉规则，避免成年后同类之间互相残杀。对于猴子、袋鼠和大象而言，幼年雄性动物之间的格斗更加频繁，这是为了它们日后将要面临的战斗。幼崽除了与同龄伙伴玩耍，还会与成年的动物玩耍，这就要求成年动物表现出极大耐心并且设立不能越过的界限。成年动物耐心参与幼年动物之间的游戏，告知它们如何接触，如何控制好斗性。

卡：小时候玩游戏长大的成年动物与不玩游戏的成年动物存在区别吗？

鲍：前者为应对生活中的问题和学习做了更好的准备。游戏是迈向自由的一步。小猫属于小型捕食动物，一生都在攻击任何移动的物体——树枝、羊毛球或母猫的尾巴。幼犬喜欢通过打斗分个高下。兔子能快速反向逃跑。

卡：不同物种之间也有游戏吗？

鲍：是的。不同物种之间也能一起玩耍，这是一个真正的谜题。我们看到小狗和小猫一起玩耍，猴子和小鹿一起玩耍。对于成年动物而言，海豚会捉弄变成气球的翻车鱼，虎鲸将海豹和企鹅抛到空中。成年动物之间的游戏有利于表达和维持同类间的亲密关系。

卡：家里的狗和猫呢？

鲍：更加类人化的动物将继续保留幼年状态，因此玩耍的时间越来越长。这也证明了游戏确实能够提高学习能力。

会笑的猫

卡：动物和人类拥有同样的情绪变化吗？

鲍：动物拥有生存所需的所有情感——恐惧、饥饿感、求偶炫耀、母性、快乐。

卡：它们会笑吗？

鲍：兽医确信狗和猫会笑。我们现在知道黑猩猩会微笑，它们会用上唇隐藏上牙，因为露出牙齿具有攻击性。据说老鼠也会笑。

卡：对狗微笑会被它认为是一种威胁。

鲍：如果只是单纯用嘴微笑，狗会将这种行为看作进攻的标志。但如果还有其他信号，比如姿势和声音语调，狗就会认为这不是一个真正的攻击信号。动物完全知道如何处理人类发出的各种信号，能够区分游戏与真实攻击之间的区别。和它玩耍时，它看起来想逃跑和屈服，但它搏斗时会向人挑衅。它擅长玩假装游戏，这也是证明它拥有智慧的重要证据。

卡：对于动物来说，理解和适应人类的世界并不容易……

鲍：家养动物变得更通人性，相比野外动物，它们在与人类接触方面取得了更多进步并表现出了更多智慧。此外，相比在大自然中，狗和猫在人类生活的环境中发出的叫声和咕噜声会更频繁。

卡：这是为什么？

鲍：因为它们知道人类会更优先选择声音这种交流渠道，所以出于好意，它们与人类交流时会发出叫声。而在动物的世界里，嗅觉和动作已经足够它们交流了。

卡：该如何解释猫和狗经过长途跋涉重新找到主人这种特殊情况呢？

鲍：它们眼中的世界和人类不一样。它们和鸟类一样能接收自然信息，并根据太阳的倾斜度进行空间定位。除此之外，它们还非常忠诚，尤其是犬类。犬类的群居天性就决定了它们十分重视群体的成员。在它们的记忆中存在着强大的生物学铭印，就是纽带。当鸟类依附于某个人时，在它们的大脑中也会建立相同的纽带。

卡：动物的大脑会受到依恋这种情绪影响吗？

鲍：是的。猫更多的是对场地的眷念，比如房屋或地理位置。这就解释了为什么主人搬家后，猫也会经常回到原来的家。

卡：动物之间是否存在爱与友谊？

鲍：更多的还是"依恋"，主要涉及生物学和情感层面的含义。"爱"意味着由该词的口头和戏剧性表达引起的一种感觉。不过，即使动物经历了强烈的情感波动，它们也不具有用言语表达情感的能力。这就是为什么它们会比人类有更多的身心问题。在压力状态下的动物会长溃疡，出现胃出血或损坏大脑的高血压。一群神经紧张的猴子需要数周时间才能恢复身心平衡，而人类通常可以通过聊天得到缓解。

卡：是不是动物体验到的痛苦比人类的更激烈，所以无法通过想象得到安慰？

鲍：完全正确。我们可以对一个沉浸于丧母之痛中的孩子说"妈妈会回来的"，这种简单的口头表述可以安抚孩子。而动物会一直处于痛苦中直到出现身体机能紊乱。

对死亡的意识

卡：被囚禁的动物也会像人类一样经历痛苦的状态吗？

鲍：大多数家养或野生动物都会采取刻板行为：在囚笼上蹭脸，舔舐皮肤直到出现伤口或拔除指甲。在这一方面，动物园已取得明显进展，但仍有很多不足。

卡：在工业畜养中也是一样的情况吗？

鲍：工业畜养的动物并不被看作是具有审美、情感和精神世界的生物。我并没有感觉到人类在对待所谓的食用动物方面有取得进步。但得益于动物生态学家和兽医的努力，人类可以更好地了解动物的世界，开始自省并对动物产生了一定程度的同情。所以终有一天，人类会停止对动物的折磨。越是渴望发现并了解动物的世界，我们就越能尊重它们。

卡：需要区分疼痛和痛苦吗？

鲍：当然需要。疼痛是生理信息，而痛苦需要自我分析。动物也知道疼痛和痛苦，因为它们具有感官和记忆。

卡：压力也是痛苦的一种吗？

鲍：压力是生物在敌对情况下的一种常见反应。即使是人类，在隐秘的敌对情况下也可能会产生无意识的压力。动物在一个被攻击的地方可能会生病，一旦离开此地就会痊愈。如果阻止蜜蜂回到蜂巢，蜜蜂就会死于压力，就像把老鼠放在猫经常出入的地方,老鼠也会死于压力。数量过多也会造成社会压力,并对身体产生不可逆转的伤害。密集饲养的动物的生活状态并不健康,因为它们最基本的自然需求没有得到满足。但动物不会像人类一样遭受言语侮辱。

卡：动物是否会意识到死亡呢？

鲍：它们能识别同类的尸体,但不能立即具有对死亡的认知。不同的物种,对死亡的认知也不同。昆虫会踩踏同类的尸体,而猴子和大象在同伴死亡后会变得局促不安,甚至会为同伴而死。它们已经开始能够感知死亡。屠宰场的动物从生理角度感知到死亡,气味、哀号和焦虑都会加剧它们的恐惧。所以它们才会尝试逃跑或心跳加速。

卡：动物会发疯吗？

鲍：从该词的情感内涵来看，动物出现依恋或发育问题时，答案是肯定的。与此同时，"疯"这个字并不说明什么。若是在印随现象中出现了错误，例如一只从小跟随雄性羚羊长大的雌性羚羊，在发育后使用雄性求偶的方式向雄性羚羊求偶，我们就可以说它"疯"了。如果一群公鸭在没有雌性的环境下长大，它们会相互模仿，等到发情期，它们会相互求偶。看到这个场景的人也会宣称这些公鸭都"疯"了。如果鸟十分依赖饲养人，那么饲养人要是离开一段时间，鸟就会"饿死"；而事实上，它是死于悲伤。

卡：死于悲伤？

鲍：是的。鸟类很容易出现印随现象，因为它们在关键时期极具依赖性，正如之前所说，根据物种的不同，这个关键时期可以持续几个小时到几天不等。如果它依赖的生物离开了，那么它的整个世界都崩塌了，它也就会随之死亡。根据这个观点，动物发疯的情况是存在的，就像遗传性疾病、中毒性脑病、肿瘤、身体和情感的创伤也会扰乱它们的世界。

致命的关系

卡： 动物表现出攻击性，我们可以认为它是生气了吗？

鲍： 愤怒是一种情绪，而攻击是一种冲动，是对某个物体或其他个体呈现出的一种状态。

卡： 残忍也存在于动物世界吗？

鲍： 猫和老鼠玩耍的过程是充满柔情的，因为猫在消遣和练习。猫会咬住老鼠带给幼猫，教它们捕猎。在猫看来，这是温情的一幕，这个游戏充满了教育意义。但对于老鼠来说却完全不是这么回事儿。

卡： 攻击性和交配往往是有关联的。康拉德·洛伦茨曾说过，在自然界中不存在强奸的说法，然而实际情况似乎并非如此。以海象为例，在雌性的抵抗下发生的暴力交配行为像是强奸。这是一种被过度人性化的表述，还是现实呢？

鲍： "强奸" 一词不适用于动物界。尽管如此，自然界中的求偶仪式能够降低这类暴力事件的发生率。

卡：弱势雄性的现象也存在于自然界中，特别是雄性的体型远小于雌性时，比如美洲热带地区的雄性络新妇蜘蛛远比雌性蜘蛛小。

鲍：某些种类的蚊子也有同样的问题，如果公蚊子在交配后没有迅速逃离，就很有可能会被母蚊子杀死。蝎子也是如此。

卡：它们如何才能逃脱这一致命的结局？

鲍：公蝎子先准备一小袋精子并存放在一个安全的角落里，接下来是最艰难的一步，它必须把配偶带到这个地方，将母蝎子的生殖器口与精子袋匹配。但是，尽管采取了所有预防措施，公蝎子被母蝎子杀死的情况还是经常发生。在所有的求偶行为中，为了完成交配而表现出来的攻击性在一般情况下都是比较克制的。我们称之为"暴力"的问题常常与雄性或雌性的肌肉力量有关。

卡：杀死幼崽的行为呢？

鲍：正如我们之前看到的，当动物母亲在发育的过程中受到干扰或在哺乳期间压力过大，就可能无法生产足够的乳汁喂养幼崽或分泌足够的激素完成对所有孩子的嗅觉标记。它有可能会将没有标记的幼崽视为陌生生物，将其杀死或者吃掉。

卡：对这种现象最常见的反思是认为这是一个坏母亲，或认为犯下如此罪行证明了它只是一只野兽而没有作为雌性的母性本能。

鲍：上述所有观点都是具有拟人倾向的推论。正如我们刚才谈到的，上述行为在动物界中不过是感知受到干扰的结果。因为存在杀死幼崽的母猫、母猪和母猴而声称证明了人与动物之间的差别的同时，请不要忘记女性出于同样的感知混乱、生物障碍和文化表征等原因杀死幼儿的情况。

卡：如何解释雄性杀死同一群体中其他雄性的幼崽呢？

鲍：这种攻击性行为主要发生在狮子、猴子、老鼠和欧洲猫等拥有后宫制度的物种中。当新的雄性赢得了雌性配偶，胜利者就会杀死幼崽。杀死幼崽对于掌握统治权的雄性来说是有益的，因为雌性只有停止母乳喂养，卵巢才可以重新开始活动，才能怀上新的孩子。

卡：有什么好处呢？

鲍：雌性将生出带有新的雄性基因的幼崽。当对某些群体的免疫系统进行血液标记时，我们才意识到雄性只杀死了不属于它的幼崽。雄性对其他幼崽分泌出的使它们更具攻击性的信息素做出了反应。

卡：它们对刺激做出了反应……

鲍：而不是对表征。这些"谋杀"并不是有意的。

卡：在动物界，自相残杀也是很常见的。

鲍：在食物短缺的情况下，个体会牺牲亲属。雌性草原野犬会将其他怀孕的母犬掩埋在洞穴内。通常在一窝刚孵化的雏鸡中，总有一只或几只小鸡是留作喂养长子或者被饿死的，因为父母更重视长子。小嘴乌鸦杀死邻居的幼崽来阻止其他同类生活在它的领地。蚂蚁也有同样的方式，它们会毫不犹豫地拔掉自己的触角和头。在蜂巢的入口处，守卫蜜蜂通过气味和触觉信息识别来访者身份。如果有蜜蜂试图强行通过就会被追捕并被杀死。鲨鱼胚胎在子宫中就会自相残杀了。

卡：在子宫里？

鲍：是的。人类的双胞胎在子宫中时也会消灭另一个而独占整个胎盘。在幸存的孩子体内有时会发现肿块儿，实际上是另一个的遗留。所有生物都会这样做，包括鲨鱼和人类。不同的是，人类会继续以各种借口相互残杀，而动物却没有这个能力。所有反人类的罪恶都是以上述逻辑犯下的。暴力是受制于极端文化表征的人类世界的特征，而在动物世界是被克制的。

别那么暴力

卡：是什么克制了暴力？

鲍：生活在足够平和的环境中的动物具备一些控制暴力的平衡机制和惯例。

卡：什么惯例？

鲍：可以是动作、模仿、叫声或气味，总之就是所有可以使动物和谐共处的感官机制。面对首领的狼会做出屈服的行为以避免斗争。

卡：尽管如此，狼和类人猿杀死同类的事件时有发生。

鲍：没错。我曾见过被当作替罪羊的猴子，这些动物的不幸真叫人可怜。它们害怕一切、不吃东西、瑟瑟发抖、毛皮脱落。如果向它们丢一个苹果过去，它们也会感到恐惧。

卡：怕水果吗？

鲍：不是。苹果会引发它们的恐惧，因为它们知道将会有同类过来，随之而来的还有殴打和撕咬。因此，只要给它们投食，它们就会自我保护。如果让这只"替罪羊"猴离开，那么另一只猴子将被孤立并成为新的替罪羊，轮到它受到残害。

卡：这是经常发生的吗？

鲍：是的。在鸡、狼和斑马群体中也是如此。群体性生活的动物通常会选出一个替罪羊用于平衡族群。所有成员的攻击性都集中在一只动物身上。这只动物接受了所有的打击，它的存在避免了团队其他成员之间的争吵。而没有什么能阻止人类的暴力，因为人类的暴力是对图像和文字表征做出的反应。

卡：在这些动物群体中，是否存在减轻替罪羊痛苦的意愿？

鲍：动物虽然会互相争斗残杀，但许多动物也掌握了和解的艺术，比如马和鲸类。猴群中的雌性会试图平息冲突并去解救被排斥者。

卡：为什么这种意愿主要来自雌性呢？

鲍：因为雌性更习惯于照顾、安慰、教育和缓和气氛。若雌性黑猩猩看到一个被吓坏了的成年黑猩猩，会把它看作幼崽，为它提供食物，给它抓虱子，让它感到安全并使它平静下来。随后，被排斥的黑猩猩就会重获信心。

卡：和解的动作也都不一样吧？

鲍：猴群中，两只猴子的和解方式为一只猴子抓住一只幼猴置于两方中间。展示后背或者腹部也是一个安抚的动作。为了平息紧张情绪，防止冲突升级，黑猩猩会翘起嘴唇，伸出双手，手心向上。对于狼和獴来说，占主导地位的一方会龇牙和低沉嗥叫以威胁对手结束争斗。马则以垂下耳朵并向前伸脖子的方式平息争斗。另一方模仿这些动作，通常就足以与对手和解。

卡：不同物种之间是否存在互相帮忙的现象？

鲍：许多生物都是共生的，双方通过合作各自获取利益，如石斑鱼借助清洁鱼来清洁口腔。小丑鱼生活在海葵的触须中，海葵并不会伤害它们，因为它们会保护海葵。不同种类的猴子之间也会有协作。鸭子和海鸥有时会一起筑巢，以保护自己免受捕食者的侵害。寄生在蚂蚁身上的昆虫能帮助蚂蚁清除它们身上的天然寄生虫。

动物的"道义"

卡：动物之间的互助是否能够上升到某种形式上的道义呢？

鲍：我更愿意认为这是一种复现其他动物的世界后表现出的互助精神。尽管如此，互助和暴力是可以同时产生的。类人猿能够仲裁冲突，表现出社交能力和凝聚力，它们擅长安慰他者，调和成员关系。因为它们明白，大家彼此都离不开对方，而且知道和解比持久的冲突更有利。

卡：但它们也会互相残杀？

鲍：没错。它们会驱赶成员甚至让它消失，也会在没有被激怒的情况下发起斗争或自发攻击邻近群体。它们也可以表现出强烈的利他行为，但这并不是黑猩猩独有的行为。内盖夫沙漠中的阿拉伯鸫鹛会帮助不相干的雏鸟，给它们喂食并互相梳理羽毛。

卡：大体上说，动物是否能够意识到对方的情绪呢？

鲍：人类和动物的情绪感染力都是极强的。动物能够感受到同类的焦虑。这种焦虑会刺激统治者，从被统治者身上感受到自身的强大。食草动物散发的焦虑和压力会刺激狼等掠食性动物的攻击。

卡：像"替罪猴"这样的被统治者能否在群体中重新获得一定地位呢？

鲍：不能。除非它们离开原来的群体进入另一群体。在这种情况下，它们会被视为异族，再次受到威胁，生活在领地边缘。随后，经常还是雌性向它们靠近，逐渐将它们融入集体中。最终，它们就能在群体中取得自己的地位。

卡：雌性最终解决了许多问题——食物、教育、繁殖、和平……

鲍：雌性还会充当临时保姆照顾幼崽。在一个群体中，雌性之间经常相互帮助抚养幼崽，比如狮子、猫、狼、大象、獴和猴子。这一策略非常具有优势，能最大限度地保证个体的存活。

第三节

❦

走向和解

动物一直是人类思想、表达、欲望、文化、信仰和爱的一大主题。动物和人类的沟通从不简单……

感官桥梁

卡：我们已经明白每个物种都生活在一个属于它们的世界中，每种动物都会使用独特的方式向周围传达自身的信息。那么动物如何与人类交流呢？

鲍：动物眼中的人类不像我们看自己，但它们和我们之间存在感官上的桥梁和其他交流渠道。感觉是生命的基本属性，即便是单细胞生物也有感觉。感觉器官在进化过程中呈多样化发展。例如，光线最先刺激的是早期生物的身体表面，后来集中到了眼睛。因此，我们可以从声音、动作、眼神、手势、身体分泌物和信息素等方面记录和了解动物。

卡：信息素是什么？

鲍：信息素是通过腺体向体外分泌的激素，是信息传递的化学介质。通过信息素，雄性动物可以感受到雌性的恐惧、攻击性和排卵期。在夜间相距 1000 米以上的孔雀会通过气味向同类传递信息。释放激素还可以提升哺乳动物的凝聚力，或将危险通知给整个群体。在等级制度森严的群体中会有一对雌雄首领，雌性尿液中含有的雌激素对其他雌性的排卵有抑制作用。雄兔首领会降低领地内同类的攻击性。雄鹿首领的存在会延迟幼鹿的交配期到来。

卡：这些信息是人类缺乏相应的感官手段而无法获取的，但有利于动物了解它们所处的环境和人类的情绪吗？

鲍：有些宠物狗会对进入青春期的孩子变得具有攻击性，而它曾经像保护幼犬一样保护着这个孩子。在狗的世界中，它把家庭的这种新变化视作对家庭等级的挑战。动物可以通过气味、行为、姿势和信号轻易地察觉到我们的情绪状态。如果狗狗面对的是一个快乐的孩子，它会嗅孩子的脸和耻骨的位置。这些地方的情绪基调不同于其他身体部位。如果是一个陌生的孩子，狗会嗅孩子的肛门位置以确认他的身份。

卡：马能立即感觉到骑手是焦虑、担忧，还是信任……

鲍：是的，它会做出相应的反应，与骑手玩耍或反抗，感到恐慌或舒适。

卡：但在通常情况下，大多数动物都会避开人类。

鲍：有些动物或多或少会被人类吸引。海豹疯狂地迷恋人类，就像只要我们想驯化就可以完全驯化的巨型海牛。海豚在没有被驯化的情况下仍然帮助塞内加尔的渔民。这种关联是自然而然的。水獭和鸬鹚为印度人捕鱼，并因此获得奖励。在其他情况下，动物会逃离人类或保持防御状态。不要忘了，在动物的世界里，我们是被赋予了言语这种既迷人又可怕的力量的奇怪生物。

言语的分量

卡：动物对我们说的话敏感吗？

鲍：它们对感知对象比较敏感，而不是对人类的话语。它们对语言感到惊讶，但是并不会用行动回应。

卡：所以我们对着狗和猫说的话它们一句也听不懂？

鲍：它们能理解感知到的口头命令，也会给出特定的回应。为了让比如狗、牛、海豚或鹦鹉等动物理解一个词，就必须将这个词与特定的动作相关联。如果向动物讲述生活经历，它会对人在陈述时表现出来的情绪更为敏感，而不是对内容。如果向它解释啃鞋子或离家出走的错误，它什么都不会理解。因为没有对它大喊大叫，它就什么也不懂，更不明白愤怒的原因。而主人的大喊大叫会加深它的痛苦和误解。

卡：学习过手语的黑猩猩与其他动物不同，它们是否理解词语的含义呢？

鲍：类人猿确实可以使用形象语言。艾伦·加德纳、贝亚特丽斯·加德纳、罗杰·福茨、大卫·普雷马克等著名心理学家曾经教授黑猩猩手语并与它们进行交流。他们的实验证明了黑猩猩的思想无法用语言进行表达，因为它们没有开口说话的身体条件。对于它们来说，手语不再是字句，只是一种可以指出物体的手势。

卡：教黑猩猩手语有什么用呢？

鲍：理论上说，教黑猩猩、红毛猩猩和倭黑猩猩学习语言，加深了我们对语言学的理解。

卡：动物行为学促进了语言学的发展，真是太令人惊讶了！

鲍：这确实是一个意想不到的收获。以前，语言学家更关注话语的内容。多亏了黑猩猩，我们明白了说话的方式也构成了言语的一部分。

卡：这是什么意思？

鲍：语言不能与身体分开。由于教会了猴子手语，我们意识到除了说话之外还有其他交流方式，我们能够对失语症患者进行手势和音乐的教育。

卡：人们总是说到人类和哺乳动物甚至鸟类之间交流的可能性，那么我们可以与昆虫建立联系吗？

鲍：我们和昆虫之间更多是互动，而不是联系，因为昆虫将我们看作庞然大物。两者之间不会产生社会性的交流，但您若是模仿蝗虫或蝉的鸣叫，则有可能存在生物间节奏或气味的互动。我们的皮脂腺分泌的丁酸可以吸引蜱虫，这些蜱虫很乐意吸吮我们的血液，然后产卵。我们皮肤中释放的盐分则会吸引苍蝇。

卡：我们能和鱼交流吗？

鲍：在无脊椎动物中，头足类动物似乎能够识别人类，地中海的小章鱼会与潜水者一起玩耍。在我们通常认为既不聋也不哑的鱼中，鲤鱼和金鱼能识别出喂食的人。青蛙和蜥蜴可以在熟悉的人手中吃东西；被驯服的蟒蛇会缠绕在主人身上。公元前 1 世纪，执政官马库斯·克拉苏可以通过拍手将海鳗吸引过来。

有其主必有其狗

卡：宠物对我们有什么作用呢？

鲍：据统计，孩子多且房子带后院的家庭养的宠物狗更多，他们也更可能会养金鱼、鸟、猫和乌龟。这些家庭的夫妻懂得快乐地享受生活，喜欢生活的方方面面，不在乎小猫、小狗和孩子之间的不同。每个家庭成员都有自己的位置且和谐共处，动物和人类不会混淆。动物参与到人类的日常生活中，是家庭生活的一分子。一家人在餐桌上为宠物憨憨的样子发笑，把它作为聊天的主题，但它并不会干涉人类的生活。这种情况是最常见的，还有另外一种情况。

卡：哪种情况？

鲍：都市生活中出现了一些被我称作"自恋型宠物"的狗狗。动物变成了一面镜子，反映出主人的内心。

卡：宠物反映出了主人自己的形象吗？

鲍：是的。猎犬给人一种优雅有力的印象，下颚棱角分明的獒犬给我一种坚毅好战的感觉，而正直的拉布拉多犬是质朴和恭敬的，就像我的性格。我们赋予狗的这些品质其实也反映了我们的特点。

卡：什么样的主人就会养什么样的狗……

鲍：确实。我们通常会选择和自己有相似性的宠物狗，也可能是狮子、蟒蛇、狼蛛、狼……动物被赋予个性，被主人看作自己形象的体现。要是绘制一幅宠物狗居住地图，我们就能知道宠物狗的居住地和生活方式是有迹可循的。德国牧羊犬居住的街区不同于阿富汗猎犬。德国牧羊犬的主人通常住在郊区，职业是工人、商人或手工艺人，年龄在 30 岁到 50 岁，会训练狗，给狗取像口号一样简短有力的名字。而在富人区更容易找到阿富汗猎犬，它们的主人大多是沉默而孤独的知识分子，会向狗解释礼仪并给狗取一个来自文学作品的名字。这一点也一样，对动物取名的选择反映出主人的社会观念。宠物狗就像海绵一样吸收了人类的各种情绪。

卡：主人的思想会如何影响动物呢？

鲍：如果主人是种族主义者，当他接近外国人时，身体就会释放紧张的信号。狗会接收到信号并在看到外国人时嗷叫。狗也会被人的言论影响。1793 年，一只狗因被指控对拥护君主制人士温柔吠叫而对革命党人和公民卫士激烈吠叫，和它的主人一起被处决。它是受到主人思想影响的受害者。主人对世界的看法会变成狗的行为，影响了它的命运。

卡：狗就像吸收了主人思想和情绪的海绵？

鲍：是的。躁郁症患者的宠物狗也会适应主人的情绪——主人开心时，它会嬉闹；主人悲伤时，它便不再动，身体开始颤抖。

卡：这是思想的传递啊！

鲍：完全不是。狗的共情能力强，对主人身体发出的微小信号非常敏感。

卡：动物曾经是爱的证明，现在成了人类的安定药、情感替代品和镜子。

鲍：是的，被人类影响的狗最终也会得与人类相同的疾病。以狗为例，当然换成其他动物也一样。一只狗死后，立刻找一只同样血统的狗取代它，给狗取一样的名字，给予同样的爱，同时将它和先前的狗作比较。结果会导致主人和新的宠物狗产生的所有互动都是混乱的，因为主人传递给狗的信息是矛盾的，交织着喜爱和失望，导致狗一直处于既欢欣又具有攻击性的状态中。"这只狗太笨了，之前那只不会这样……之前那只更好。"主人的声音、动作、手势对狗来说都是信号。所以狗就会产生行为障碍，没有得到控制的情绪最终会导致机体出现障碍。兽医诊断出狗处于一种极度有压力和筋疲力尽的状态下，并患有胃溃疡。为了安抚自身的不安，动物也会舔舐自己到受伤的程度。这被称为"刻板印象"或"补偿行为"，在动物园、实验室、工业农场等动物承受巨大压力的地方会经常出现。

过度亲密的小狗

卡：还有会扰乱动物正常成长的其他情况吗？

鲍：还有一种倾向，忘记了动物生活在自己的世界中。与狗待在一起，我们需要知道狗生来就生活在一个有等级的群体中，听从受它尊重的统治者的指挥。因此，必须要建立规则，换句话说，就是成为狗的领导者。如果狗有权睡在床上，在餐桌上或在主人之前吃饭，在主人之前进门，自己选择长椅坐下观察行人，它最终就会认为自己是领导者，将来可能会变成威胁，具有攻击性。狗咬伤别人后舔受伤的部位，主人以为是在道歉而没有惩罚它，而实际上，狗舔舐伤口只是为了更加确定自己的领导地位。我们鼓励幼犬像亲近母狗一样依恋主人，在它们小的时候不进行必要的分离训练，认为将它们整日关在房间或笼子里是正常的。这些错误的想法会导致狗变得焦虑、沮丧、担心，乱喊乱叫，毁坏家具，在地毯上小便。

卡：您谈到的这种分离训练有什么作用？

鲍：当母狗想让它的孩子知道不希望它们再依靠母亲时，这种现象便自然而然地产生了。它会以一种有点儿暴力但很有效的方式推开它们。慢慢地，小狗接受了这种情况，会采取另一种行为，以顺从平静的姿态重新接近母狗。此时也是它们融入群体，听从命令的时候。如果在狗发育前没有进行这种分离，那它仍会处于幼年状态，没有办法忍受主人不在，容易激动和搞破坏。

卡：那应该怎么办呢？

鲍：在开始养狗时，主人就必须让狗知道它之前生活在狗的世界，而现在住在人类的家中，就需要遵守人类生活的规则。还有宠物狗不能太小。

卡：是因为之前提到的印随现象吗？

鲍：是的。不管哪个物种都有一个关键的生物时间机制，决定了在生命的某一时期会合成一种神经递质，也就是与记忆力有关的乙酰胆碱。对于鸟类而言，这种神经递质的最大峰值出现在出生后的第 13 个小时到第 16 个小时。

卡：这是一个关键时期吗？

鲍：所有的事情都发生在这 3 个小时内。雏鸟的记忆力发展到能对在这段时间内经过身边的所有物体产生依恋感。一般来说就是鸟妈妈，但也可能是一个物品、一只动物。不同物种共同生活的案例也不少，例如小鹿和老虎、老鼠和猫、羊和马等。曾经有一只 300 千克的羚羊对我求偶。

卡：那狗的峰值是在什么时候？

鲍：出生后的第 5 周到第 9 周。如果小狗被过早带回家，它就会太像人类。

卡：为了让动物在人类世界中尽可能地找到平衡，它最好同时具有动物和人类的双重印随吗？

鲍：是的。很多时候，一些宠物狗卖家将小狗隔离开，导致小狗看到人就会表现出强烈的依恋。需要警惕这些小狗。我们喜欢这些小狗是因为它们对我们非常依恋，但实际上，它们的情感发育已经紊乱了。这些小狗因过早被人抚养而失去了自身物种的印随。

卡：它们将自己当作人类而不是狗了吗？

鲍：是的。它们后来会表现出社交恐惧或物体恐惧，因为害怕而变得具有攻击性，患有社交障碍甚至是性功能障碍。例如有些动物只与主人的腿交配，会咬伤靠近的同类。

海豚治疗师

卡：自大约 1.4 万年以来，人类与狗就开始相互影响……

鲍：……这种共同进化使狗变得通人性，同时提高了某些方面的智力。

卡：驯化会使它们变得幼稚吗？

鲍：正是狗的这种持续幼态化才使长期学习成为可能。

卡：人类与野生或家养动物的交流经验不计其数，从马到海豚，再到鸟类、海狮、猫科动物和狼。有时我们会感受到很强的联系。是什么实现了这种交流呢？

鲍：正如我们前面所说，动物为人类的身体、味道、声音着迷。这些交流与以往的经验非常不同。有许多因素会影响人与动物关系的建立。人类耐心地服从物种的行为准则就可以融入一个动物群体。正如康拉德·洛伦茨所为，与幼年的鹅和鸦科鸟一起生活就有可能被接受并理解动物的社会结构。有时，这种交流是短暂的，是动物主动发起的。比如喜欢和游泳的人一起玩耍的海豚、章鱼、海豹，还有关心人类垃圾的熊。

卡：马、狗、猴、海豚等动物也可以成为治疗师吗？

鲍：动物一直是我们的治疗师。人类可能曾经试图驯化过狼崽，因为它们的存在起到了安定剂的作用。现在，数量不断增加的独居者购买动物就像为了减轻焦虑而吃镇静剂。动物成为我们满足情感需求和填补情感空虚的对象。动物可以让人感到平静、安全，帮助人类更好地生活，承担社会压力。

卡：把动物作为一种真正的治疗手段也有一段时间了。

鲍：确实，宠物的作用已经有了突飞猛进的发展，尤其是因为美国心理学家鲍里斯·莱文森的研究。他是 1960 年宠物疗法实验的发起者。

卡：我知道这个故事。有一天，他接待了一个自闭症男孩儿和他的父母。他养的狗突然对这个孩子表现出极大的兴趣，还舔了舔他的手。在他父母惊讶的目光下，男孩儿抚摸了狗……

鲍：是这样的。男孩儿后来对心理学家敞开了心扉，心理学家也成功了解了他的问题并帮助了他。如今，鸟、鱼、狗、猫都进入了监狱、医院、养老院和保育院等机构。动物已经成为治疗手段，帮助人们缓解抑郁症，改善社会安置问题，辅助治疗身心障碍……研究还表明，在接受密集看护的一年后，宠物主人的预期寿命会延长。然而，不尊重动物，以牺牲动物为代价进行的治疗是危险的。如果人类和动物共同发展且能从对方身上获益，那这种互助关系是健康的。但如果为了其中一方需要牺牲另一方，这种关系就变得不合理了。

动物和孩子

卡：孩子不害怕动物，而且动物对孩子的智力发展有着重要作用。这是为什么呢？

鲍：要是家里有动物，孩子最先开口说的话里一定会有动物。孩子会认为动物是家庭结构里的一员。动物能帮助孩子训练思维，区分有生命和无生命的世界。

卡：为什么孩子和动物之间更容易建立联系呢？

鲍：因为孩子和动物之间的关系很纯粹简单。与成年人不同，孩子不会发出矛盾的信号。如果让动物在一个两手前伸、目光固定、面朝动物站立的成年人和一个手掌伸向空中、脑袋微倾、嘴里发出声音、半蹲着的孩子之间做出选择，动物感受到孩子抚慰的信号会立刻跑向孩子。许多孩子会害怕爱恨交织的复杂人际关系。成为大人，意味着必须学会处理人际关系中的冲突和协商。但是跟动物在一起更简单，如果互相讨厌，就会远离；如果互相喜欢，就会一起玩耍。这就解释了为什么自闭症儿童进入篱笆内抚摸小鹿而不会引起它们的恐慌，而说话的孩子会让它们马上逃离。

卡：为什么？

鲍：自闭症儿童害怕眼神和言语，所以会避开别人的目光。也是出于这个原因，动物会让他们接近，这使得自闭症儿童非常了解动物。我曾经见过一个孩子本能地模仿幼犬的行为控制了恶狗的进攻。在以色列埃拉特，精神病学家和教育工作者经常带着自闭症儿童与海豚一起游泳。首先，孩子能与水进行接触。其次，与海豚的接触也有利于他们的康复治疗。海豚围绕着孩子，碰触他们，举高他们，与他们互动交流。这是我看到自闭症儿童笑得最开心的时候。而在与人交往时，他们不会笑，通常会咬东西或撞头。

卡：那让动物陪伴违法的孩子有什么帮助呢？

鲍：家养动物对少年犯有很重要的作用。他们会对动物产生责任感，这是一种关系上的根本改变。他们会负责照顾、清洗、喂养和监护动物，告诉它们禁止做的事。除了工作完成的满足感，他们还体验了与动物的情感交流和社会认可。

卡：动物无法说话，但人类从未停止对动物的研究，并梦想有一天能与它们交流。已经有人试过把音乐、声音、节奏或计算机当作交流媒介。您认为将来我们能够真正与动物进行交流吗？

鲍：早在 16 世纪，蒙田就曾发问，人类无法与动物交流，是谁的错？动物是否把我们当作十足的白痴？由于现代技术的发展，我们发现了越来越多之前不了解的物种以及它们的交流方式和生活方式。使用电子图像放大器，我们可以探测动物的夜间活动。借助光纤探头，我们可以观察到蚁穴深处。给野生动物戴上有发射器的项圈，可以研究它们的移动路线、社会关系和活动。通过医学成像技术，我们能够通过它们的大脑和感觉器官了解它们的世界。我们越是了解动物的世界，就越有可能与它们进行交流。

卡：那语言层面的交流有可能实现吗？

鲍：佐治亚大学的潘班尼莎是一个天赋异禀的"学生"。这个被人类抚养大的雌性倭黑猩猩，在 15 岁时就通过信息技术工具掌握了 3000 个单词。在帕斯卡尔·皮克的《猴子，人类》

这部纪录片中，我们看到潘班尼莎在树林里散步时，突然走向一只狗并用力踢它。负责这项实验的灵长类动物学家苏·萨维奇 – 朗博用英语训斥了她 ："潘班尼莎，你太没礼貌了。"它似乎内疚地看着其他地方。过了一会儿，它看到了满是符号的电脑桌，按下"好"，好像在说"不，我很善良"。苏按下"不"，潘班尼莎再次按下"好"。苏让它向狗道歉,潘班尼莎抚摸了狗。这只雌性倭黑猩猩远比我们认为的牵线木偶强，比我们想象的更加自主。它没有征求意见就会表达自己，教它的小儿子学习这种语言，为它不懂语言的母亲当翻译。根据灵长类动物学家的说法，与灵长类动物进行交流是有可能的，并将会颠覆我们对物种界限的认知。

TROISIÈME PARTIE. LE TEMPS DE L'ÉCHANGE

第三章 交流的时代

后　记

Épilogue

历史将如何续写？我们是否会创造与动物相处的其他关系？人类最终能看到并接受真实的动物吗？

我们不再孤单

卡琳－卢·马蒂尼翁（以下简称"卡"）：我们花费了很多精力摆脱动物性的身份并否认起源。我们曾经将动物看作物品以便更好地利用它们。现在，难道我们不能与它们和解并创造新的关系，开启一段新的历史吗？

帕斯卡尔·皮克（以下简称"帕"）：现在确实是摆脱几千年来只关注"人"的思想的时候了。从探索太空之初，人类的文化就延续了这样一种观点：凡来自地球的东西都包含贬义，而在天上的就是高贵、美丽和灵性的象征。但我们人类的双脚却是立于大地之上的。是时候歌颂我们周围的"动物世界"之美了。而这份美丽，也属于我们人类自己。

卡：得益于科技的发展，这种情况正在改变。

帕：嗯，但也很难。人类笃信的神话仍然决定着我们主要的科学政策。一方面，人们花费大量资金探听可能存在的外星人的信息，却对身边的动物视而不见。人们把动物简化为动物蛋白，结果得到了"疯牛病"。人类一边花费 25 亿美元去研制火星探测器，以求探寻火星上的分子，却从来没有人对此行为感到奇怪或质疑。另一方面，人们继续在摧毁地球和地球上的动物。动物的历史，也就是我们生命的历史，是一系列偶然事件的集合，是无论在将来任何有待发现的星球上都无法重新上演的。

卡：对动物世界的理解对人类有何重要意义？

帕：有助于了解我们在自然中的位置。我很欣喜地发现人类不是唯一能够沟通的、有智慧的物种。人们知道这一点只过了25年，不过一代人而已。也是在同一时期，古人类学家梳理了人类在进化树中的位置。尽管有点儿令人焦虑不安，但从中可以了解到的一点是在每个时期都存在着多个现代人类物种。露西所在的时代就是如此，3.5万年前欧洲大陆上的尼安德特人和克罗马农人也是如此。然后，就只剩下我们现代人类了。我们曾经认为，我们顺应了进化的趋势，我们是人类谱系上唯一的幸存者。这意味着我们只是地球的租客，生命长河中的旅客。但是这种焦虑在减少，因为我们正在深入了解我们神奇的兄弟——黑猩猩和倭黑猩猩。我们不再那么孤单。

卡：因此，对动物的关注并非意味着背叛人类。

帕：也不是否认人类。只有人类才能讲述美丽的动物史。21 世纪的挑战恰恰是以谦卑的态度以及伟大的方式重新定义人在自然中的地位。是重建乐土的时候了，而这片乐土从未消失过。所有伟大的画家描绘的人间乐土上必定有动物的身影。

卡：动物世界遭受过大规模的灭绝。未来还会遇到吗？

帕：毫无疑问。死亡是生命的一部分，而生命在不断演化。虽然这么说，但物种灭绝的最大威胁就是我们现在对地球的所作所为：制造污染、砍伐森林、侵入生态系统。人类对自然的破坏导致成千上万动植物消失。有人说地球因重大灾难经历过物种灭绝，所以人类可以任意开发探索。的确，生命在延续，不过是与其他参与者一起！

卡：如果大多数动物物种消失，我们人类将会遭受什么风险？

帕：每 50 年或 100 年，我们会记录一次脊椎动物物种的消失情况。问题是，在过去的 4 个世纪中，纯粹因为人类活动，平均 2.7 年就有一个物种灭绝，总计灭绝的脊椎动物物种达到约 150 种。令人震惊。目睹了某些畜牧政策导致的森林砍伐和过度放牧后，采取保护生物多样性的措施迫在眉睫。大型制药公司对这一点深有感触。由于人类已经造成一些动植物物种的灭绝，所以对人类健康有益的动植物分子研究举步维艰。保护动物和生态系统也就意味着保卫人类的未来。

卡：尽管存在物种灭绝的威胁，未来几年或几个世纪会出现新的动物物种吗？

帕：我们对动物物种的盘点远未完成，尤其是对昆虫和蠕虫。我们同时还在继续探索鸟类和哺乳动物。要知道与人类最为接近的物种倭黑猩猩，是直到发现露西的 1974 年才开始被实地观察的。得益于过去和现在的动物，我们才能开始书写人类的历史。

卡：是否可以认为，能改变动物染色体的人类已经成为新物种的创造者？

帕：人类只能在实验室中创造新的物种，而且新物种必须生活在受保护的环境中。一旦被放到自然中，新物种几乎没有生存的机会。我们必须清楚地认识到一点——大自然创造出的而被人类毁灭的东西，是人类永远无法修复的。

* * * * *

不要将动物理想化

卡琳－卢·马蒂尼翁（以下简称"卡"）：在您看来，动物基因改造是否意味着饲养动物的未来趋势，以及人类对动物驯化的延续？

让－皮埃尔·迪加尔（以下简称"让"）：从某种角度来看，是驯化的延续。但坦白说，我不希望这成为饲养动物的未来！

卡：为什么？

让：事实上，在动物的饲养和驯化过程中，我关注的是人类与动物的关系。这种关系是两方面的。所以，基因改造只会让一方变成有巫术的科学家，另一方变成被工具化的、无能为力的生物，只剩下可怕的关系。我们还得祈祷从中获得的是益处，而不是无法挽回的失败。在这一点上，我也害怕野蛮的商业恶行，一旦利欲熏心，一切担心的都有可能会发生。我们已经目睹了疯牛病的威胁和跨国公司控制转基因生物专利引发的全球粮食危机。

卡：您对科学的进步，或者说现代化导致人类和动物关系发生的变化，在伦理道德上是持保留意见的吗？

让：动物驯化的研究揭示出人类行为最隐秘的动因，告诫人类要保持谦逊：我们要审视自身的做法和那些唯科学主义、唯技术主义言论的意图。动物驯化对人类需求的满足，给人类带来的快乐，使得这种做法仍然有着光明的未来。然而，我们要留心家养动物的风险以及它们给我们带来的风险。

卡：有哪些风险呢？

让：最主要的风险在于动物的饲养可能不再带给人类收益，最终只剩下危害。如今，这一风险几乎随处可见，尤其是在西方国家。石油泄漏对沿海地区造成的污染确实严重，因为后果显而易见且触目惊心。但养猪产生的粪肥对地下水潜在和持久的污染同样是灾难性的。同时，在宠物数量激增的问题上，支持者和反对者的紧张对峙日益加剧，尤其当反人类情绪助长了这种对峙时，这一现象令人担忧。当今，正如投身于人道主义行动的一部分人，许多人投身到动物专属保护的行动中，但在我看来，这是道德危机的表现。

卡：关心人类和动物的痛苦，与人类传统认知中对生命的敬畏息息相关。

让：让我来详细说明。我所说的道德危机是指这种行动常常导致某些人过度混淆了人类和动物，导致为了更好地否定人类而将动物理想化。将人类视为动物，认为"有些动物比人类更好"的看法已经有段时间了，现在是时候从人类和动物的本质出发，理解并尊重生命和生物了。

卡：人类将来有一天会不再食用动物吗？

让：只要人类仍然是杂食性物种，我认为就不可能。但假设发生这种情况，家畜可能会变得一无是处，几乎没有生存的机会。如今，这种情况已经发生在那些濒临灭绝的物种身上。

卡：印度的母牛不用于食用，但没有濒临灭绝。

让：的确，但情况不同，在印度，牛是一种神圣的动物，这种信仰可以追溯到 7000 年前。此外，肯尼亚的马萨伊人和苏丹的丁卡人也不吃牛肉。他们只喝牛血和牛奶的混合物。在将来很长一段时间内，人类与动物还将会保持多种类型的关系，因文化而异。既有好的方面，也有坏的方面。

＊＊＊＊＊

我们终将理解动物

卡琳－卢·马蒂尼翁（以下简称"卡"）：即使把动物视为机器的概念已经过时，但大多数人仍然认为在研究人类与动物的行为时，把人类和动物并列而言是对人类的一种贬低？

鲍里斯·西瑞尼克（以下简称"鲍"）：随着对动物研究的深入，在我看来，我们会更加强调人的维度。当我在观察海鸥、猴子和狗时，我很难有被贬低的感觉。动物让我们了解了自身行为的起源。通过观察动物，我懂得了语言、抽象思维和社会对人类的强大凝聚作用。

卡：假如我们生活在一个没有动物的世界里呢？

鲍：区分人类会变得很难。如果我们生活在一切都是蓝色的世界中，就不可能具有"蓝色"这个概念。要想形成"蓝色"的概念，就需要另一种颜色。

EPILOGUE 后记

273

卡：我们与动物的关系会如何发展呢？

鲍：我们与动物的关系曾经非常清晰。起初，我们是动物捕食的对象。发明技术后，我们开始掌握自然，位于自然之上。然后，马和牛将人从耕地的苦役中解放出来。19世纪的技术将动物奴役到物化的地步。而如今的技术获得了空前的胜利，有人开始认为我们可以完美设想出一个没有动物的人类世界。

卡：您相信吗？

鲍：将来有一天，我们对动物的接触受到限制并非不可能。每当人类受到自然或社会约束时都会转向补偿机制。自20世纪以来，技术减少了人之间的接触，人与动物之间就出现了新的情感联系。所以，很有可能到了30世纪，法律会禁止人类频繁接触那些"玷污"美好技术文明的自然生物。人工技术将不可避免地成为我们的新生态。

卡：也会出现反对的人吧？

鲍：是的。因为将存在不能放弃真正的生活，而秘密拥有动物的社会边缘人，还有为在新兴技术占主导的城市里与其他生物共同生活的权利而展开激烈辩论的哲学家。不管怎样，新的自主生活的形式将是不同利益间的互补。同时，为了应对工业养殖产生的无数健康问题及其对生态和全球经济的不良影响，食用动物将会受到限制；新技术的发展也将减少利用动物做实验。

卡：我们谈论的主要还是西方。其他地方还有与动物和谐相处的人类吗？

鲍：我们谈论的是 21 世纪真正的生态学家，他们知道自然是脆弱的，知道自然从人类出现在地球上时就一直参与着人类的进化。

卡：对动物的痛苦表现出同情，被有些人认为是对人类的侮辱……

鲍：他们会说："我的孩子还在受苦，你们怎么能去拯救动物？"

卡：这确实是我们经常听到的言论。

鲍：我不明白为什么必须要在痛苦之间做出选择，也不理解因为还有其他形式的痛苦存在，就能忍受、无视这种形式的痛苦。就算折磨动物，孩子遭受的痛苦也不会减轻。

卡：现在，人们的意识有一定程度的觉醒。

鲍：几个世纪以前，阿兹特克或波斯皇帝建造的动物园象征着对自然和世界的统治力量。在文艺复兴时期，甚至在 1937 年的巴黎世界博览会上，动物展览里有国外的动物，还有黑人和因纽特人！今天，动物园正演变为濒危物种保护区。从今往后，人类对动物的痛苦将更加敏感。

卡：未来的动物甚至可能会拥有人类的器官，这一点难道不会联系到古代神话中人与动物合为一体的民间传说吗？

鲍：神话中的半人马和奇美拉既像人又像动物。人与动物的亲密关系还能再更进一步吗？也许吧。不管怎样，神话没有错，人跟动物都是有生命的。此外，神话对动物的定义有点儿荒谬，"非人的低等存在"这种定义不再符合当前的发现。工业引起的严重疾病跨越了物种的分界，证明了生命的统一性。但每个物种都生活在自己的世界里，一切都不可置换。每个物种都是独特的。克隆有助于器官移植，但也将会引起尖锐的伦理问题。

卡：*动物一直参与着人类的生活，也由此遭受了极大的痛苦。人与动物最终能达成和解吗？*

鲍：动物不是机器，不是人类，不是人崇拜的对象。我认为公元后的第三个千年，将是重新认知动物世界的一千年。人类在以获取动物皮肉为目的的狩猎中形成了社会关系；利用动物的骨头，制作了最早的工具；通过对动物的绘画和雕刻，创造了原始的信仰；通过观察动物，了解了自己在世界上的位置。然而，第三个千年将是人类历史上第一次能够发现和理解动物的精神世界的时期。我坚信，当人类最终接受动物拥有无需语言就可以表达思想的能力时，将会因曾对动物所施加的羞辱和贬低及把它们长久以来视为工具的行为而感到极大的不安。

图书在版编目（CIP）数据

美妙的动物史：从野生到驯化 /（法）帕斯卡尔·皮克等著；彭程程译 . —— 重庆：西南大学出版社，2022.6

　　ISBN 978-7-5697-1381-7

　　Ⅰ . ①美… Ⅱ . ①帕… ②彭… Ⅲ . ①动物 – 普及读物 Ⅳ . ① Q95-49

中国版本图书馆 CIP 数据核字 (2022) 第 055577 号

美妙的动物史：从野生到驯化

MEIMIAO DE DONGWUSHI：CONG YESHENG DAO XUNHUA

[法] 帕斯卡尔·皮克　　　[法] 让-皮埃尔·迪加尔
[法] 鲍里斯·西瑞尼克　[法] 卡琳-卢·马蒂尼翁　著
彭程程　译

出版策划：闫青华 何雨婷
责任编辑：伯古娟
责任校对：王玉竹
特约编辑：姚敏怡 李炳韬
营销编辑：张 戈
装帧设计：万墨轩图书·夏玮玮
出版发行：西南大学出版社（原西南师范大学出版社）
　　　　　重庆市北碚区天生路2号　　邮编：400715
　　　　　市场营销部电话：023-68868624
印　　刷：重庆升光电力印务有限公司
成品幅面尺寸：148mm×210mm
印　　张：9.125
字　　数：196千字
版　　次：2022年6月 第1版
印　　次：2022年6月 第1次
著作权合同登记号：版贸核渝字（2022）第118号
书　　号：ISBN 978-7-5697-1381-7

定　　价：62.00元

读者 Readers 回函表
WIPUB BOOKS

姓名：_____ 性别：_____ 年龄：_____ 职业：_____ 教育程度：_____

邮寄地址：_____ 邮编：_____

E-mail：_____ 电话：_____

您所购买的图书名称：《美妙的动物史：从野生到驯化》

您对本书的评价：

书名：□满意 □一般 □不满意　故事情节：□满意 □一般 □不满意
翻译：□满意 □一般 □不满意　装帧设计：□满意 □一般 □不满意
纸张：□满意 □一般 □不满意　印刷质量：□满意 □一般 □不满意
价格：□便宜 □正好 □贵了　　整体感觉：□满意 □一般 □不满意

您的阅读渠道（多选）：
□书店 □网上书店 □图书馆借阅 □超市/便利店 □朋友借阅 □找电子版
□其他 _____

您是如何得知一本新书的呢（多选）：
□别人介绍 □逛书店偶然看到 □网络信息 □杂志与报纸 □新闻
□广播节目 □电视节目 □其他

购买新书时您会注意以下哪些地方（多选）：
□封面设计 □书名 □出版社 □封面、封底文字 □腰封文字 □前言、后记
□名家推荐 □目录

您喜欢的图书类型（多选）：
□文学-奇幻小说 □文学-侦探/推理小说 □文学-情感小说 □文学-散文随笔
□文学-历史小说 □文学-青春励志小说 □文学-传记
□经管 □艺术 □旅游 □历史 □军事 □教育/心理 □成功/励志
□生活 □科技 □其他 _____

请列出3本您最近想买的书：_____ 、_____ 、_____

请您提出宝贵建议：_____
_____

★感谢您购买本书，请将本表填好后，扫描或拍照后发电子邮件至wipub_sh@126.com，您的意见对我们很珍贵。祝您阅读愉快！

编辑 Editor
邀请函
WIPUB BOOKS

亲爱的读者朋友：

也许您热爱阅读，拥有极强的文字编辑或写作能力，并以此为乐；

也许您是一位平面设计师，希望有机会设计出装帧精美、赏心悦目的图书封面。

那么，请赶快联系我们吧！我们热忱地邀请您加入"编书匠"的队伍中来，与我们建立长期的合作关系，或许您可以利用您的闲暇时间，成为一名兼职图书编辑或兼职封面设计师，成为拥有多重职业的斜杠青年，享受不同的生活趣味。

期待您的来信，并请发送简历至 wipub_sh@126.com，别忘记随信附上您的得意之作哦！

译者 Translator
邀请函
WIPUB BOOKS

为进一步提高我们引进版图书的译文质量，也为翻译爱好者搭建一个展示自己的舞台，现面向全国诚征外文书籍的翻译者。如果您对此感兴趣，也具备翻译外文书籍的能力，就请赶快联系我们吧！

您是否有过图书翻译的经验：
□有（译作举例:_____ ）　□没有

您擅长的语种：
□英语　□法语　□日语　□德语

您希望翻译的书籍类型：
□文学　□心理　□哲学　□历史　□经济　□育儿

请将上述问题填写好，扫描或拍照后发至 wipub_sh@126.com，同时请将您的应征简历添加至附件，简历中请着重说明您的外语水平。